SHUXUE SHIYAN WANG

数学实验王

投针怎么能得出圆周率

（高级篇）

吴恢銮 ◎编著

浙江少年儿童出版社·杭州

《数学实验王》丛书编写人员名单

主　编　吴恢銮

编　委

张　麟	姚俊俊	吴玉兰	王润毛	沈美莲
陈　钧	姚以婵	陈　银	周　洁	邓招徒
孟　敏	刘　璨	沈　楠	王雪晴	鲍赛红
吕　彤	张　锋	王旭程	钱于剑	陆军芳
华丽英	董周涛	赵　忠	梅晓洁	裘莹莹

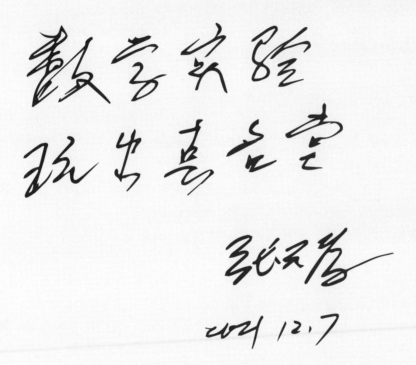

数学实验
玩出真名堂

张天孝

2024.12.7

张天孝，全国著名数学教育家、浙江省功勋教师

专家推荐

　　我一直提倡"玩做数学"的教育理念，创新人才不是靠"刷题"刷出来的，孩子的"奇思妙想"是在"玩做"中诞生的。"数学实验"就是"玩做数学"的一种重要载体，抽象的数学通过简单的材料、有趣的实验，变得生动活泼，让孩子体验到数学的美妙和真谛。书中的每个数学实验，都是孩子们的研究历程，这种实践机会积累越多，将来创造发明的可能性就会越大。

　　　　——国家义务教育数学课程标准制定组组长　北师大中国教育创新研究院院长
　　　　　　　　　　　　　　北师大版小学数学教材主编　**刘坚**

　　对孩子来说，深度理解数学知识，理解数学知识产生的场景，经历从具象到抽象的丰盈过程，这比简单刷题重要太多了。这是一套会让孩子不恐惧数学、理解数学真谛、爱上数学的书，数学真的可以玩着学。

　　　　　　——前央视著名主持人　中国最具影响力的 30 位商界女性　**张泉灵**

　　吴恢銮老师带领他的学生玩数学、做数学，用数学实验激发儿童的好奇心，激发儿童灵动的创造性思维。可以说，数学实验为数学学习打开了一扇通往数学之源、数学之品、数学之用、数学之奇、数学之美、数学之谜的创造之门。这是一套适合每个孩子阅读和动手做数学的好童书。

　　　　　　——全国知名校长　资深家庭教育专家　数学家陈杲父亲　**陈钱林**

　　数学可以拿来玩吗？数学可以拿来实验吗？怎么让数学变得有滋有味呢？吴老师和他的团队建设了属于孩子们的"数学实验室"，带领孩子们花长时间玩数学，花长时间实验数学，这些数学实验不仅适合深度阅读，更是启迪孩子们全身心投入研究，像数学家一样研究数学。

　　　　　　——全国著名特级教师　首都基础教育名家　正高级教师
　　　　　　　　　　　　　　　　　　　　　　　　　华应龙

　　数学原来可以那么有趣，还可以动手做出这么多"数学"来。天长小学的同学们在老师的带领下，设计了一系列的数学实验，充满奥妙，常有惊喜，这既能巩固数学知识，更能积累数学活动经验。活动之余，他们把"实验"编写成"读物"，让精彩重现。如果你愿意，不仅可以读一读，还可以做一做哦。

——教育部基础教育数学教学指导专委会委员　国家义务教育数学课程标准修订
组核心成员　全国著名特级教师　正高级教师　**唐彩斌**

数学实验可以有两类，一是"操作实验"，以动手的方式帮助理解数学概念；二是"思想实验"，在数学抽象、推理、建模等理性思维活动中形成数学能力。这套丛书设计了多种"操作"和"思想"的数学实验，有很强的实操性。相信本书能为更多学生深刻理解数学概念、更好形成数学能力提供助益。

——温州大学教授　北师大版小学数学教材编委　**章勤琼**

数学实验，让孩子们有机会从"坐中学"到"做中学"。在这个过程中，孩子们动手、动脑，合作、交流、表达，既经历"实践出真知"的认知建构过程，也经历与他人交流互动的社会交往过程。这一过程，让学习更有长远的价值和意义！因此，这套丛书中的数学实验值得更多的家长和老师带着孩子们去尝试！

——北师大中国教育创新研究院首席专家　《小学数学教师》副主编　**陈洪杰**

"学得扎实，玩出名堂"是我们学校的校训，用实验的方式学数学、玩数学，让数学学习有了探究性、操作性和趣味性，学生在实验中，体验深刻、乐此不疲，不仅学得扎实，更是玩出创造玩出智慧。这套丛书融阅读与探究为一体，是一项极有意义的数学探究性长作业，值得借鉴与推广。

——杭州天长小学校长　全国著名特级教师　正高级教师
享受国务院特殊津贴获得者　**楼朝辉**

学数学如果主要是记记记，练练练，没有提问，离开探究，那只能成为一个"做题家"，可数学探究需要时间和空间。"数学实验室"的美妙在于吴老师用超简单的材料，超经济的时空，超好玩的切入口，让孩子的"身心"迅速进入到实验中，然后跟进点拨，让孩子感悟到那些数学概念、口诀、定理从何而来。这种局部的慢学习，会让孩子赢得未来。

——全国著名特级教师　正高级教师　**蒋军晶**

写给家长朋友的信

家长朋友好：

不知道家长朋友们认不认同这样的观点：玩是孩子的天性，玩也可以说是天地之间学问的根本。但是现在的孩子可能没有更多的时间玩，更不要说用玩的理念学好数学了。

有些着急的爸爸妈妈，总是把孩子要学习的数学知识提前再提前，98% 的刚入学的儿童就会 20 以内加减法计算，甚至会两位数、三位数的加减法计算，但能说这些孩子学习数学时眼中有光吗？不断前置的"训练式学习"，不断与升学竞争挂钩的"功利性学习"，让孩子感到太累了，更可怕的是还严重弱化了孩子自主探索的能力，丧失了学习兴趣与创造力。

数学对于孩子来说或许有些难，因为比起语文，数学显得抽象、枯燥，不容易理解，导致有些孩子认为数学不讲道理，甚至让人摸不着头脑。

有什么好办法让孩子喜欢上数学，迷恋上数学？有什么好办法让孩子喜欢上探索数学、实验数学？我想最好的办法就是还给孩子们数学原来的样子。翻开数学发展史，我们就知道数学不仅仅是抽象的、严谨的，数学还有另外一面，数学其实是可以猜想的、实验的、探究的，数学是可以动手操作的，数学是最贴近孩子们玩的。

在数学家保罗·洛克哈特看来，真正的数学学习应该是：丢给学生一个好的问题，让他们花力气去解决，看看他们能得到什么。直到他们亟须一个想法时，再给他们点拨，给点思想，给点技巧……

这套《数学实验王》是我和团队用十年时间和孩子们玩数学、实验数学的成果结晶。实践证明，这些孩子通过玩数学、实验数学，改变了对数学的看法，改进了数学学习方法，对数学的情感与日俱增，数学兴趣、解决数学复杂问题的信念和方法，都明显好于对照班。这些孩子在玩哪些数学问题呢？

比如我给孩子提这样的问题：蜗牛爬得到底有多慢，有什么好办法可以测量出蜗牛爬行的速度？野生蜗牛和家养蜗牛哪种爬得快？

比如我给孩子提这样的问题：给你一张 A4 纸，用剪刀剪出一个圈，然后让自己从这个圈里穿越过去，你能做到吗？

再比如我给孩子提这样的问题：见过绿豆吗？有人异想天开，要用绿豆测量树叶的面积，这能做到吗？这个研究方案该怎样设计呢？会用到哪些数学知识和方法呢？

面对这些源于生活中的数学问题，孩子们迷恋上了，因为他们觉得这样学数学是一件非常好玩的事情。

这套书有别于市面上的数学习题集、奥数书，因为我们倡导"玩做学合一"的学习理念，把抽象的概念、公式、规律迁移到可操作、可实践、可审辩、可尝试的数学实验场景中，进行较长时间的独立研究与合作交流，在一个相对安全与自由的学习空间里实验、尝试与创造，从而实现数学学习从"训练式"向"研究式"转型。

这套书中所有的数学问题，都是孩子们实验过和研究过的。你看这些孩子，是不是可以像数学家一样实验数学、研究数学？

这套书由五个维度的数学实验组成，"数字关系实验"重在培养孩子们的数感、量感及运算能力；"空间想象实验"重在培养孩子们图形与图形关系及空间推理与想象力；"数据分析实验"重在培养孩子们用统计的眼光发现问题，用统计的数据分析问题，让孩子们从小养成用数据说话和分析的素养；"数学推理实验"重在培养孩子们归纳推理能力，这些原本极度抽象的推理，因为直观操作，变得生动有趣，降低了思维难度；"数学建模实验"重在培养孩子们应用数学的意识。五个维度的数学实验，目标都是指向培养孩子们的数学核心素养和创新能力，为他们终身学习数学、热爱数学奠定基础。

我相信每个读过这套书的孩子一定会明白，原来，数学并不枯燥，而是可以玩耍、可以动手操作、可以无限创造的实验乐园。

如果您通过阅读这套书，认同了我们的理念，那么请您推荐给您的孩子。他们一定会迷恋上数学，迷恋上数学实验的！

吴恢銮

2021 年 10 月

小朋友好：

称呼你为小朋友，不知道你愿不愿意。为了让我们更加熟悉，我们玩一个十分神奇的数学小实验，实验规则是这样的：

准备一个计算器，并用计算器按照以下步骤进行计算：

第 1 步：将自己的出生月份乘以 4，加上 8。

第 2 步：将步骤 1 的答案乘以 25，再加上自己的出生日期。

第 3 步：算好后，把计算结果减去 200。

你有什么惊奇的发现？啊，这个数，就是你自己的生日呀！

这是什么道理呢？数学如此神奇！

这套书里的数学实验都特别好玩，也特别能挑战你的智慧。这些数学实验都是和你同龄的小朋友们自己研究出来的。他们热爱数学，通过玩一玩、做一做、想一想，研究了很多好玩的数学问题。

有人花一个暑假数了 10000 粒红豆，但他说自己收获了很多，便迷恋上了数学；有人研究出了一种测量工具，能测出蜗牛爬行的速度；还有人异想天开用绿豆测量树叶的面积，一群小伙伴研究了好几天，竟然成功了……

这里的每个数学实验，都是一座知识探险堡，充满乐趣和挑战。

这里的每个数学实验，都是一座魔法游乐园，充满神奇和智慧。

这里的每个数学实验，都是一场思维历险记，充满探索和发明。

不管你原来的数学水平怎么样，也不管你原来喜不喜欢数学，只要你阅读了这套书，动手做一做书里的实验，想一想道理，写一写感受，你就会像数学家一样在研究数学、思考数学，从此更加热爱数学！

著名数学家陈省身说"数学好玩"，用实验玩数学，可以玩出大名堂。祝每个小朋友都能迷上数学，玩转数学！

你们的大朋友：吴恢銮

2021 年 10 月

目录

（高级篇）

第 3 章　数据分析实验

第 4 章　数学推理实验

第 5 章　数学建模实验

第 **1** 章

数字关系实验

你肯定听说过引力超强的"宇宙黑洞",但你不一定听说过"数学黑洞"。快,坐上我的"数学飞船"去探索"西绪福斯黑洞""卡普雷卡尔黑洞"……另外,我还能猜出你们每个人的生日,你信不信?如果不信的话,那就赶紧跟我一起开启数字关系的实验之旅吧,保证让你大开眼界。

1 数学也有黑洞吗

（难度：★★★☆☆）

为什么做这个实验

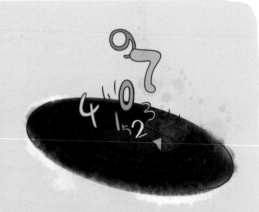

黑洞是存在于宇宙空间的一种天体。它的引力非常强，任何物质甚至是光，一旦被它吸入就休想逃脱出来。据说世间万物都逃不脱黑洞。一次数学实验课上，我听说了"数字黑洞"这个词，感到非常好奇：数学也有黑洞吗？也会像宇宙黑洞一样能吸收一些数字吗？带着这份好奇，我开始了"数字黑洞"的探索之旅。

准备材料

10 以下扑克牌若干张

纸和笔

A 探索：西绪福斯黑洞

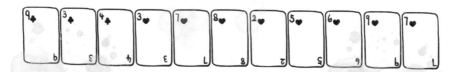

第1步： 从扑克牌里抽出几张表示 10 以内的数字。

第2步： 将上面抽出来的数字填入表格。

第3步： 数出这串数字中的偶数个数、奇数个数，以及这串数字组成的总位数。

第4步： 再把得到的偶数个数、奇数个数以及总位数，按照偶数个数、奇数个数以及总位数顺序组成一个新的数。

第5步： 重复以上步骤，就会出现神奇的得数。

计算轮次	数字	偶数个数	奇数个数	总位数	得数
第一轮	9343782569	4	7	11	4711
第二轮	4711	1	3	4	134
第三轮	134	1	2	3	123
第四轮	123	1	2	3	123
……	123	1	2	3	123

从第三轮开始，重复不断出现神奇数字"123"，难道这就是"数字黑洞"吗？这是不是偶然？我再尝试任意 10 以内扑克牌数字组成的多位数，只要按以上的实验方法操作，任意多位数都会掉入"123 黑洞"逃不出。

我决定尝试全偶或全奇扑克牌数，是不是也会一样呢？

计算轮次	全奇数字	偶数个数	奇数个数	总位数	得数
第一轮	7973593	0	7	7	077
第二轮	077	1	2	3	123

我发现哪怕一个多位数中所有数都是奇数或偶数都会掉入"123 黑洞"！简直太奇妙了！你知道这个"数字黑洞"是谁最早发现的吗？它是数学家西绪福斯发现的，所以又叫"西绪福斯黑洞"。

B 探索：卡普雷卡尔黑洞

第 1 步： 从扑克牌中任意选出 3 张数字牌（3 个数字不能相同）。

第 2 步： 3 张数字牌组成最大三位数和最小三位数。

第 3 步： 最大数减去最小数，得到差。

第 4 步： 重复以上步骤，你会发现什么？

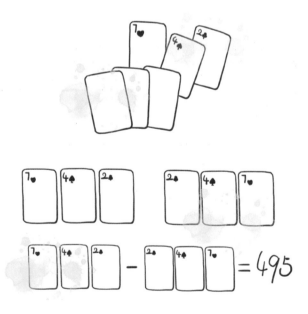

数字	最大数	最小数	差
4.7.2	742	247	495
4.9.5	954	459	495

数字	最大数	最小数	差
6.9.3	963	369	594
5.9.4	954	459	495

通过实验发现：排序求差后，进入了无限循环，最后得数都是495。没错，我们又发现了一个"数字黑洞"，这就是"495黑洞"！这个"495黑洞"最早是由数学家卡普雷卡尔发现的，所以又叫"卡普雷卡尔黑洞"。

除了三位数数字黑洞，是否还会有四位数或者更多位数黑洞呢？我们再来一起做实验。

C探索：四位数黑洞6174

把一个四位数的四个数字由小至大排列，组成一个新数，又由大至小排列组成一个新数，这两个数相减，重复以上步骤。

尝试如下：

实验第一组：$9876 - 6789 = 3087$

$8730 - 0378 = 8352$

$8532 - 2358 = 6174$

$7641 - 1467 = 6174$

······

实验第二组： $8764-4678=4086$

$$8640-0468=8172$$

$$8721-1278=7443$$

$$7443-3447=3996$$

$$9963-3699=6264$$

$$6642-2466=4176$$

$$7641-1467=6174$$

$$\cdots\cdots$$

我们发现所有的四位数都会掉入"6174"这个黑洞，只要四位数的四个数字不重复，至多不超过 7 步就能得到"6174"。

由此可见，"数字黑洞"是指自然数经过某种数学运算之后陷入一种循环的境况。数学中确实存在"黑洞"。我相信还会有更多的"数字黑洞"，期待和大家学习更多的知识去寻找、创造出更多的"数字黑洞"。

知道吗

《西游记》里的孙悟空是一个神通广大、本领高超的人物，他能七十二变，还会腾云驾雾，一个筋斗可以翻出十万八千里外。但不管他怎样变，一蹦有多远，总还是落在如来佛的掌心里，难以逃脱。

这当然只是一个神话故事。但是，数学家发现，这样的现象竟然也会在数学的变换中出现。

我们随便选一个数，比如选人们认为很吉利的数"168"。如果把这个数的每一位数字都平方，然后相加，即：

$$1^2+6^2+8^2=1+36+64=101$$

这样一来，原来的数就变为 101，接下来将 101 这个数的每一位数字都平方，并相加，即 $1^2 + 0^2 + 1^2 = 1 + 0 + 1 = 2$……按照这种变换不断重复，就能得到：

$4 \to 16 \to 37 \to 58 \to 89 \to 145 \to \cdots\cdots$

在算的过程中，你也许会不耐烦："这不是一个无底洞吗？恐怕算到明天也算不完！"不要太心急，只要你耐心算下去，不要多久，就会出现奇迹。

$$168 \to 101 \to 2 \to 4$$

$$\begin{array}{ccccc} 16 & \to & 37 & \to & 58 \\ \uparrow & & & & \downarrow \\ 4 & & & & 89 \\ \uparrow & & & & \downarrow \\ 20 & \leftarrow & 42 & \leftarrow & 145 \end{array}$$

你看，这些数字像孙悟空一样，跌进了如来佛的手掌——旋涡黑洞，再也出不来了！有人可能会说："这莫非是偶然现象，碰巧如此吧？"那么，就请你再选一个数吧。

不妨再用较大的数试一试，如十位数 2710859643，10 个数字都用上了，但算的结果仍然是跌进了"如来佛的手掌"——旋涡黑洞。

$$2710859643 \to 285 \to 93 \to 90 \to 81 \to 65 \to 61 \to 37 \to 58 \to 89$$

$$\begin{array}{ccccc} & & & \uparrow & & & & & \downarrow \\ & & & 16 & & & & & 145 \\ & & & \uparrow & & & & & \downarrow \\ & & & 4 & \leftarrow & 20 & \leftarrow & 42 \end{array}$$

② 国王真的给不起粮食吗

（难度：★★★☆☆）

据说，西萨发明了国际象棋，国王要重重地奖赏西萨。西萨说："陛下，请您在这棋盘的第一个小格里，赏我 1 粒大米，在第 2 个小格里赏 2 粒，在第 3 个小格里赏 4 粒……以后每一个小格都比前一小格加 1 倍，直到摆满棋盘上的 64 格。"国王认为这太容易了："赏！"

故事结尾写道："即使倾全国所有，也填不满最后一个格子。"这是怎么回事，国际象棋不过 64 格，真需要那么多粮食吗？

米

杯子

电子秤

国际象棋棋盘

这样来做

实验 ① 每个格子各放 1 粒

如果在第一格放 1 粒米，第 2 格也是 1 粒，直到第 64 格还是 1 粒，这样一个棋盘总共才 64 粒米，称了一下，质量仅有 2 克。

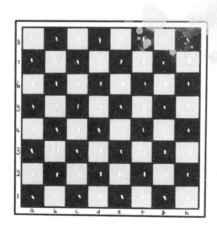

实验 ② 每格依次多放 1 粒

用 1 作为加数，看看每格依次多加 1 粒米究竟有多少米？我按照第 1 格 1 粒米，第 2 格 2 粒，第 3 格 3 粒……第 64 格放了 64 粒米。哇，相邻每格都是相差 1，这可是一个等差数列，我们可以用"大手拉小手"的方法计算，(1 + 64)，(2 + 63)……每对都是 65，共有 32 对，可以列出下面的算式，然后用计算器算一下就有结果了。

$$1+2+3+4+\cdots\cdots+63+64$$
$$=(1+64)\times64\div2$$
$$=2080\,(粒)$$

我们推算一下 2080 粒米的质量：

按刚才算的 1 克米大概 32 粒，

$2080\div32\times1=65\,(克)$，是第一个实验的 32.5 倍。

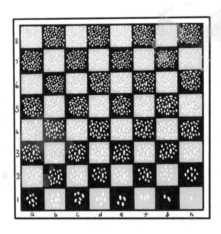

实验 ③ 每格依次增加1倍

在第1格放1粒大米，在第2格放2粒，第3格放4粒，也就是每格依次乘2。

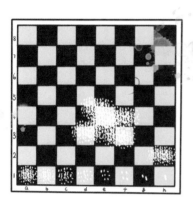

第1格：1（粒）
第2格：1×2=2（粒）
第3格：1×2×2=4（粒）
第4格：1×2×2×2=8（粒）
第5格：1×2×2×2×2=16（粒）
第6格：1×2×2×2×2×2=32（粒）
第7格：1×2×2×2×2×2×2=64（粒）
第8格：1×2×2×2×2×2×2×2=128（粒）

· · · · · ·

才完成八分之一格，以后每多一格都是翻倍，如果真的去数，那真的是数不胜数。难怪国王从嘲笑变成了安静，从安静变成了惊诧。

会发生什么

我们来看实验3，按照每格依次乘2来放大米，前16格需要多少粒大米？

$1 + 2 + 4 + 8 + \cdots + 16384 + 32768 = 65535$（粒）

$65535 \div 32 \times 1 \approx 2048$（克）

那么，按此规律第64格需要放多少粒大米呢？

我把这个计算任务交给了电脑计算器：先输入1，然后输入"×"号，再输入2，不要搞错，一共输了63个"×"，63个2，依次相隔输入"×"号和2。

$$1 \times \underbrace{2 \times 2 \times 2 \times \cdots \times 2 \times 2}_{63 \text{ 个 } 2} = 9223372036854775806 \text{（粒）}$$

算一算：一共有多少千克大米？

$9223372036854775806 \div 32 \times 1 \div 1000 = 288230376151711$（千克）$\approx 2882$（亿吨）

在爸爸的帮助下，我们算出了 1 到 64 格大米的总颗粒数：

$1 + 2 + 4 + 8 + 16 + \cdots + 9223372036854775806 = 18446744073709551611$（粒）

换算成大米的质量：

$18446744073709551611 \div 32 \times 1 \div 1000 \div 1000 \div 100000000 \approx 5764.6$（亿吨）

现在，我终于明白国王为什么要惊诧了。就拿现在的中国来说，2020 年大米的年产量也只有 1.48 亿吨，这样的话，5764.6 亿吨需要生产 3895 年。

数学里也有超能力，是展现大数的快捷方式，或是对复杂乘法的简化。这个思路来源于简单图形，然后被发扬光大。

这种数学上的超能力，恰当的名字叫指数。指数源于几何学对图形的研究。

比如计算正方形面积的单位个数，如图：

该正方形面积的单位数是：$5 \times 5 = 25$

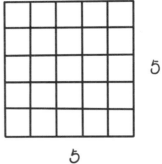

可以把两个相同的数相乘简写成：$5 \times 5 = 5^2$

读作"5 的平方"。

比如计算立方体体积的单位数，见下图：

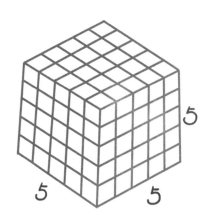

该立方体体积的单位数是：$5 \times 5 \times 5 = 125$

可以把三个相同的数相乘简写成：$5 \times 5 \times 5 = 5^3$，读作"5 的立方"。

但是，图形的维度也就那么多，其他的我们还可以称为 4 次方，5 次方，6 次方等。

比如 63 个 2 相乘可以写作：2^{63}，读作 2 的 63 次方。这样写既简单，读起来也很方便。

想一想：如果是 10 个 10 相乘怎么简写呢？又该怎么读呢？

3 为什么"蒙娜丽莎"那么美

（难度：★★★☆☆）

为什么做这个实验

妈妈：萌萌，看看这两幅世界名画，你能找出什么数学秘密吗？

萌萌：第一幅画是达·芬奇的《蒙娜丽莎》，我找到了 1：0.618。第二幅雕像图找到了 0.618 和 0.382 两个小数。妈妈，都有"0.618"，什么意思呀？

妈妈：你可以用直尺测量一下"蒙娜丽莎"的头宽和肩宽，然后求出它的比值。

萌萌：哇，也是"0.618"。这是巧合，还是有意这样设计呢？

妈妈：如果图画或物品的短边与长边，它们的比例接近于"0.618"，则被称为"黄金比例"。

萌萌：为什么叫"黄金比例"呢？难道这个比例像黄金一样贵重吗？

计算器

电脑显示屏

书籍

纸笔

卡片

卷尺

直尺

这样来做

双休日，我分别测量了电脑显示屏、美术垫板、少年宫学员卡、家校联系本、扑克牌、表扬信、现代汉语词典、国旗图片等物品的长和宽。

然后根据"短边长度：长边长度"，求出它们的比值。具体数据如下表：

测量物	短边长度（厘米）	长边长度（厘米）	比值
电脑显示屏	18.5	29.6	0.625
美术垫板	19.8	29.8	0.66
少年宫学员卡	5.3	8.5	0.62
家校联系本	12.8	19.1	0.67
扑克牌	5.6	8.6	0.65
表扬信	8.8	13.6	0.64
现代汉语词典	14.2	21.6	0.66
国旗图片	6	9	0.66

这些物品的短边与长边的比值比较接近 0.618，这样物品的形状看起来比较有美感。

　　妈妈还和我交流了更多的"黄金比例"的故事，比如，人体最感舒适的温度是 23 摄氏度，是人正常体温（37 摄氏度）的黄金点。平时吃饭要六七分饱，这样，我们的胃不容易生病。

小贴士

　　"黄金比例"由公元前 6 世纪古希腊数学家毕达哥拉斯发现，后来古希腊美学家柏拉图将此称为"黄金分割"。它是指将整体一分为二，较大部分与整体部分的比值等于较小部分与较大部分的比值，其比值约为 0.618。这个比例被公认为是最能引起美感的比例，因此被称为"黄金分割"。

　　"黄金比例"存在于生活的方方面面，在数学、绘画、建筑、雕塑、音乐等各个领域都有它的影子。许多产品的设计都参考"黄金比例"，将其宽与长的比设计成 0.6 ～ 0.7。看来数学就在我们身边，真是充满魅力啊！

1. 阅读

19世纪中叶，德国心理学家费希纳曾经做过一次别出心裁的实验，他召开了一次"矩形展览会"，会上展出了他精心制作的各种矩形，并要求参观者投票选择各种自认为最美的矩形，结果以下四种规格的矩形入选（长 × 宽）：

（1）8×5；（2）13×8；（3）21×13；（4）34×21

经过观察，我们可以发现，5：8 = 0.625；8：13 ≈ 0.615；13：21 ≈ 0.619；21：34 ≈ 0.618，由此可见，它们的宽与长的比都接近于0.618，因此这些矩形可近似地看作"黄金矩形"，给人以美的感受，这正是它们被选中的奥妙。

2. 探索

"斐波那契数列"，你听说过吗？这个数列是这样的：1，1，2，3，5，8，13，21，34，55，89，144……如果我们把某个数与后一项做比，比如1÷1 = 1，1÷2 = 0.5，……列表如下：

项数	数值	本项与下一项做比
1	1	1
2	1	0.5
3	2	0.666……
4	3	0.6
5	5	0.625
6	8	0.615
7	13	0.619
8	21	0.617
9	34	0.618
10	55	0.618
11	89	0.618
12	144	……

请观察表格，你有什么发现？

4 你能猜准任何一个人的生日吗

（难度：★★★★☆）

为什么做这个实验

9月23日，是我的生日，我邀请了几位要好的同学到家里过生日。

作为数学课代表的我，如何在生日会上让同学们领略到数学的魅力呢？

有了，做一个猜生日的魔术实验吧。为了增加神秘感，我打算猜猜他们爸爸妈妈的生日。

于是我用数学知识，设计了一个数学小魔术实验，只要他们按照我说的步骤去执行，最后就能猜中他们爸爸妈妈的生日啦！

提前调查爸爸、妈妈的生日

爸爸：X年X月X日
妈妈：X年X月X日

计算器

这样来做

准备一个计算器，用计算器按照以下步骤进行计算：

第1步：将出生月份乘以 4，加上 8。

第2步：将步骤 1 的答案乘以 25，再加上出生日期。

第3步：算好后，把计算结果告诉我，我再在心里减去 200，就能推算出对方爸爸或妈妈的生日了。（一定要在心里减去 200，这样可以增加神秘感）

真的那么神奇吗？起初黄宇飞和其他小伙伴们都不太相信。

黄宇飞说："试一试我爸爸的生日吧，我先按你的步骤用计算器算一算。"

说完，他拿起计算器按照步骤算了起来：

第1步：1（生日月份）× 4 + 8 = 12

第2步：12 × 25 + 10（生日日期）= 310

黄宇飞说："计算结果是 310。"

我故意拍了拍脑袋，神秘地说："生日是 1 月 10 日，对不对？"

"哇，好神奇，我爸爸的生日真的是 1 月 10 日呀。"

其他同学拿起了计算器也按照步骤算了起来，但他们只要告诉我计算结果，我马上就能说出他们爸爸妈妈的生日。

"为什么经过这样的计算就能得出生日了呢？"几位同学都要求我说出其中的原理。

其实，它的秘密在于将生日看成由出生月份数和出生日期数组成的四位数，也就是说生日组成的四位数＝出生月份 × 100 ＋出生日期。

在步骤 1、2 中，"出生月份"乘以 4，再乘以 25，即乘以 100。而步骤 1 中有一个"调皮的 8"，在步骤 2 中也跟着乘以 25，所以只要在步骤 3 中减去（8×25），即可得出"出生月份"乘以 100。我们再来看"出生日期"，会发现在步骤 2 中已经加上了"出生日期"，那么进行步骤 3 对"出生日期"没有任何影响。这样就可以得到前两位是出生月份，后两位是出生日期的四位数啦。

我们不妨设一个生日为（$\overline{ab}$）月（$\overline{cd}$）日。

第 1 步：（$\overline{ab}$）×4 + 8 = 4（$\overline{ab}$）+ 8

第 2 步：[4（$\overline{ab}$）+ 8]×25 +（$\overline{cd}$）= 100（$\overline{ab}$）+ 200 +（$\overline{cd}$）

第 3 步：100（$\overline{ab}$）+ 200 +（$\overline{cd}$）− 200 = 100（$\overline{ab}$）+（$\overline{cd}$）

100（$\overline{ab}$）+（$\overline{cd}$）即四位数（$\overline{abcd}$），得到生日（$\overline{ab}$）月（$\overline{cd}$）日。

将字母用数字代入，这个生日小魔术实验就变得一目了然啦！

不知道大家是否和我一样关注到了"调皮的 8"，若"调皮的 8"变成了"调皮的 1"，那么在步骤 3 中减去的必定不是 200，那它应该减去多少呢？就此我们可以继续展开探究。

若步骤 1 中加上的是"1"，则"1"在步骤 2 中乘以 25，那么在步骤 3 中要减去 $1 × 25 = 25$，我们来验证一下，同样以生日 12 月 14 日为例。

第 1 步：$12 × 4 + 1 = 49$

第 2 步：$49 × 25 + 14 = 1239$

第 3 步：1239－25 ＝ 1214（再次得出了正确的生日）

那么若在步骤 1 中加上的是 2，3，4，……最终应减去多少呢？

步骤1中加上的数	最后应减去的数	计算过程
1	25	1×25
2	50	2×25
3	75	3×25
4	100	4×25
5	125	5×25
6	150	6×25
7	175	7×25
8	200	8×25
n	$25n$	$n \times 25$

我将发现列成了表格：步骤 1 中加上的数乘以 25 的积，便是最后应减去的数。如加上的数是 2，那么应减去 50；加上的数是 3，那么应减去 75；加上的数是 4，那么应减去 100……以此类推。

现在你能在这个基础上，设计一个新的猜生日的数学小魔术了吗？请你设计一个小魔术的实验步骤。

第 2 章

空间想象实验

　　牙签和软糖看起来好像跟数学没有一点关系。其实，用牙签和软糖不仅可以搭出柱体和锥体，还可以搭出"反柱体"。这些柱体和锥体的顶点、棱、面，还藏着许多有意思的规律呢。

　　这么有趣的空间想象实验，是不是很想动手试一试呢？说不定就可以"修炼"成具有空间想象力的"达人"啦。

5 如何手工缝制出星星

（难度：★★★★☆）

为什么做这个实验

寒假，我想缝一颗最亮的星星送给爸爸妈妈。他们都是一线的医护工作者，疫情期间，他们实在太辛苦了。

可是我缝了拆、拆了缝，总是不满意，星星大小不对称，但我却找不到解决方法。正当我焦头烂额准备放弃时，爸爸提醒我："我们前几天不是在讨论'抛物线'吗？你可以先将星星画好，然后根据画好的线来缝制。"带着期待，我开始了缝制星星之旅。

缝针、缝线

不织布

缝线

笔

尺子

剪刀

这样来做

① 我用黑色笔在不织布上轻轻画了两条互相垂直的线段，再用尺从中心点开始沿每条线等距离地做标记，按照 1 厘米的距离标注好刻度。

② 给横轴和纵轴上的标记点写上刻度。

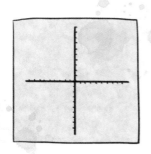

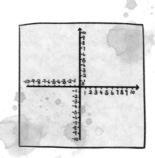

③ 剪一段一手臂长的线穿在针上，在线末端打结。

④ 从不织布的背面开始，把针穿过标有"1"的孔。现在针在不织布的正面，将针穿过另一个标有"1"的孔，这样就在两点间缝上一长线。

⑤ 再从不织布的背面开始，把针穿过相邻的孔，即标有"2"的孔，缝一短线。然后，在正面缝一长线连接另一个标有"2"的孔。

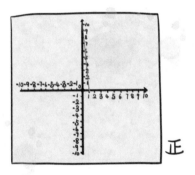

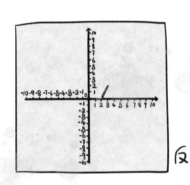

⑥ 继续用线连接其余的孔，正面缝长线，反面缝短线。做完后，在不织布的背面打结，剪去多余的线头。

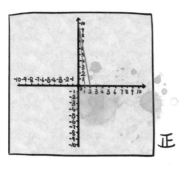

正面缝长线

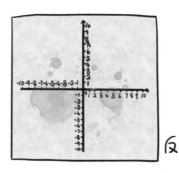

反面缝短线

⑦ 出现一个神奇的现象：明明连接得到的是线段，可交织在一起的网状图形外围形成了一道完美的弧线，这就是抛物线！

⑧ 用相同的办法缝出其余3条抛物线，用不同颜色的线来缝出不同的角，这样一颗完美的四角星就完成了。

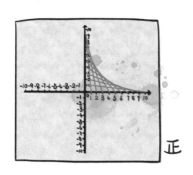

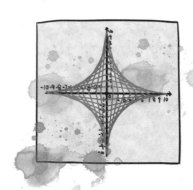

抛物线是指平面内到一个顶点和一条定直线距离相等的点的轨迹，可以通过连接坐标轴上一系列有规律的坐标点来获得。这道流畅的抛物线，可以运用到手工制作，如四角星的缝制，它可以使每个角大小均匀。

我还对八边形缝制进行了挑战，在每条边上按比例取点，作内接图，再根据画好的图进行缝制，用上五颜六色的线，成功缝制出了绚丽多彩的八边形。具体步骤如下：

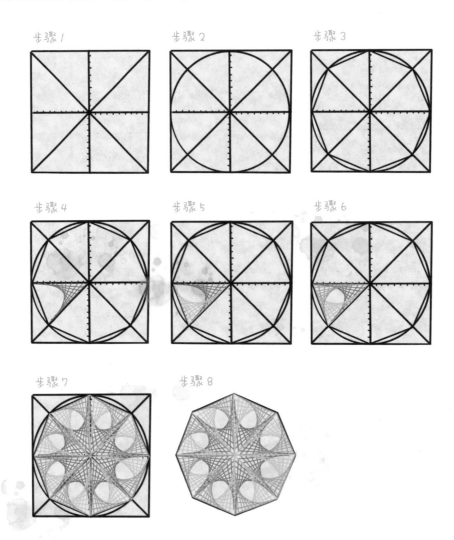

步骤1　步骤2　步骤3

步骤4　步骤5　步骤6

步骤7　步骤8

6 过山车跑道是利用什么原理设计的

（难度：★★★★☆）

为什么做这个实验

相信很多人都喜欢玩过山车，但是你们知道过山车跑道是利用什么原理设计的吗？

准备材料

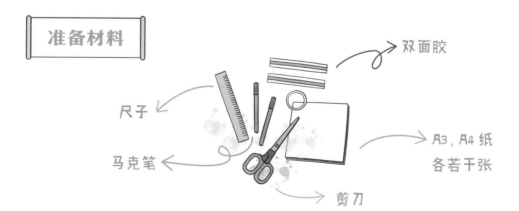

双面胶

尺子

马克笔

剪刀

A3、A4 纸
各若干张

实验❶ 三等分莫比乌斯环

① 从 A3 纸上剪下两条长 42cm、宽 6cm 的纸条，用马克笔将两张纸条三等分，再把中间部分的两面都涂上你喜欢的颜色。

② 将第一条纸条卷成一个普通的圆环，并用双面胶粘合；将第二条纸条的一端扭转 180°后，再粘接两头，做成一个莫比乌斯环。

❸ 猜一猜，做一做

将两个纸环分别沿三等分线剪开，每个纸环需要剪几次，剪开后会有什么样的结果呢？一起动手试一试吧。

普通的圆环沿三等分线剪开，需要剪 2 次，剪开后就会变成三个长度相同的较窄的圆环。

但是，如果沿三等分线把莫比乌斯环剪开，发现只需要剪一次，而且莫比乌斯环并没有一分为三，而是剪出一个大圈套着一个小圈。

④ 动手验证

用马克笔分别在图上的小圈和大圈上画一画，看看这个小圈和大圈能不能在一面上画完，它们是不是莫比乌斯环。

经过验证，发现图中的小圈只有一个面，它还是一个莫比乌斯环，并且就是原来莫比乌斯环三等分的中间涂色部分。大圈有两个面，它并不是一个莫比乌斯环，而是一个旋转两次再结合的圆环。

实验2 莫比乌斯魔术

① 准备一张 A4 纸，在上面剪出一个十字。把十字的较长边平均分成三份，在中间用不同颜色的马克笔画虚线，做裁剪记号。把较短的一边平均分成两份，在中间画上实线做裁剪记号。

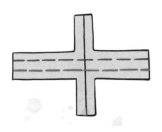

③ 把较长一边的两端往后翻折，其中一端扭转 180° 后与另一端粘合，做成一个莫比乌斯环。

② 将较短一边往上折成一个环形，用双面胶固定。

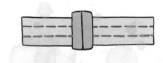

④ 先沿虚线剪开，再沿实线剪开，剪开后是一个长方形套一个莫比乌斯环，你猜对了吗?

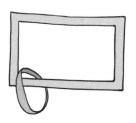

将这个莫比乌斯环沿三等分线剪开，因为纸环扭转 180° 首尾相连，第一条三分之一分割线的尾连着第二条三分之一分割线的头，所以只要剪一次。也就是说沿三分之一线剪开后，两边的两个部分首尾相连成一个旋转两次 180° 的两倍长的大环，中间原来涂色的部分还是一个莫比乌斯环。

用莫比乌斯环创造的魔术还有很多种，一个环和一个莫比乌斯环连接后再剪开，将它们扭转、剪开，可以创造出意想不到的形状，剪线的顺序不同，最后的形状也会发生改变。

现在你知道过山车跑道是用什么原理设计的吗？就是用莫比乌斯环原理设计的。

小贴士

这个实验看起来似乎和数学没有关系，但其实包含的概念是数学学科中的重要内容——拓扑学（拓扑学只考虑物体间的位置关系而不考虑它们的形状和大小）。这些实验让我们开阔了视野，感受到了莫比乌斯环的神奇所在，发现将不同形状的纸环连接起来还可以创造出各种图形。剪之前可以先猜一猜：剪完后的结果是什么样的？猜想和实际之间是一致的吗？当然剪的顺序也很关键，可以尝试着改变剪的顺序，看看最后结果会有什么变化。

莫比乌斯环真的太好玩了！如果继续变魔术，你打算怎么做？下面这些环带是怎么制作出来的？请你动手试一试吧！

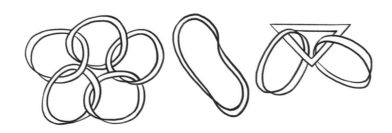

7

哪些六连方可以拼成立方体

（难度：★★★☆☆）

为什么做这个实验

　　双休日，我们相约到学校数学实验室玩磁力片，数学老师给我们的实验任务，就是挑选出下面可以拼成立方体的六连方。

　　有了磁力片的帮助，完成这个任务应该不会太困难。

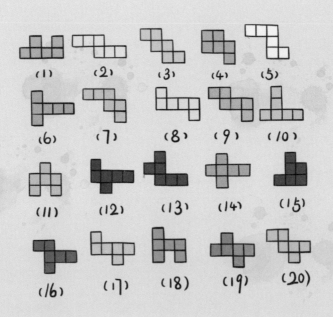

各种颜色
的磁力片

这样来做

我们经过试拼，发现这 20 个六连方图中，有 11 种是可以折叠成立方体的。分别是 2 号、3 号、6 号、8 号、9 号、12 号、14 号、16 号、17 号、19 号和 20 号六连方图。

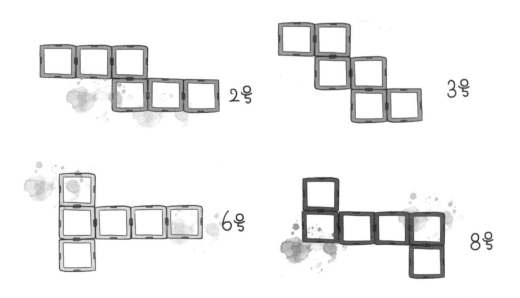

2号

3号

6号

8号

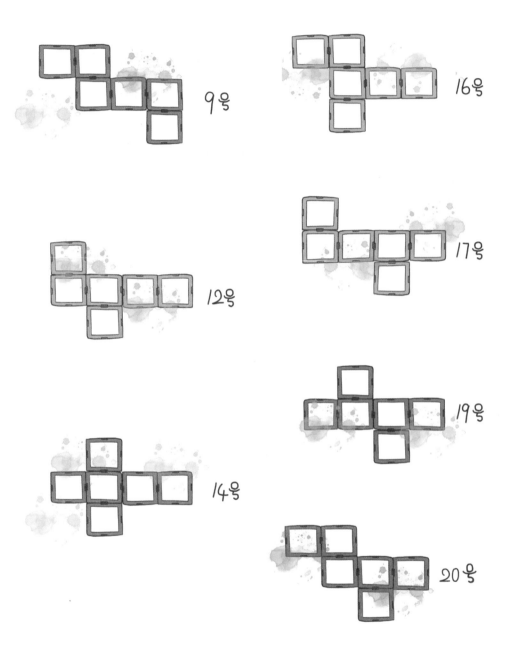

9 쪽

16 쪽

12 쪽

17 쪽

19 쪽

14 쪽

20 쪽

六连方图中，只有以上 11 种情况是可以拼成立方体，但要记住这 11 种情况，还是需要掌握一定的规律。比如，中间是四连方，上下再各一个，都可以拼成立方体。于是我们想到了用分类的方法，对这 11 个六连方进行了"家庭组合"。

第一类："1－4－1 号"组合，特点是中间四连方，两侧各有 1 个，共有 6 种六连方图。

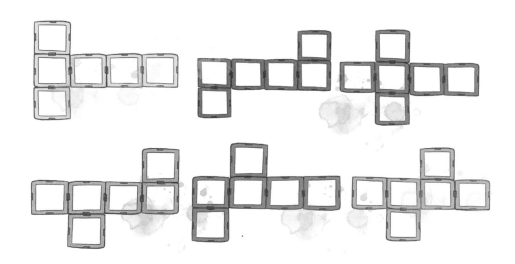

第二类："2－3－1 号"组合，特点是中间三连方，两侧分别是 1 个和 2 个，共有 3 种六连方图。

第三类："2-2-2"组合，特点是中间二连方，两侧各有 2 个，只有 1 种六连方图。

第四类："3-3"组合，特点是两排各有 3 个，只有 1 种六连方图。

玩玩看

1. 展开实验

长方体展开会是什么样子呢？请你找一个长方体物品，动手试一试，再想一想，长方体沿着不同的棱剪开，会得到哪些不同的六连图？请把不同的展开图画在白纸上。

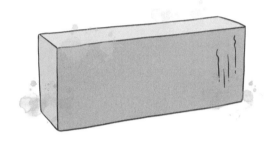

2. 折叠实验

请你试一试利用硬纸板剪出下面的图形，然后制作出 5 种正多面体。

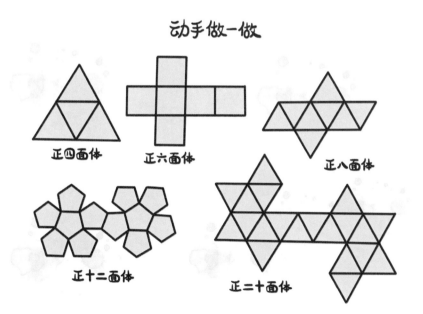

动手做一做

正四面体　　正六面体　　正八面体

正十二面体　　正二十面体

8

如何用牙签和软糖制作鸟巢模型

（难度：★★★★☆）

为什么做这个实验

鸟巢的造型很奇特，据说它是中外顶级建筑师合作完成的。这么奇特的建筑是怎么设计出来的呢？我们可以试着用牙签和软糖动手试验一下，看看能不能搭出"鸟巢"的雏形。

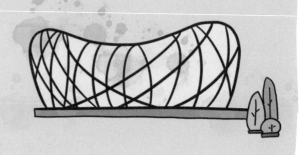

准备材料

牙签 ←　　　　→ 橡皮软糖

实验① 制作一个三棱柱

问题1： 制作一个三棱柱，你认为需要几根牙签，几颗软糖？

制作步骤

第1步： 先用3根牙签和3颗橡皮软糖做一个三角形。（注意：要把牙签插到可以贯穿橡皮软糖的程度，这样三角形就牢固了。用同样的方法，再做一个三角形）

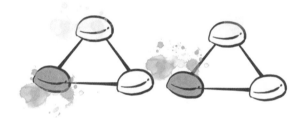

第2步： 把其中一个三角形放平，在每一颗软糖上垂直插入一根牙签。

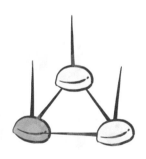

第3步： 把另一个三角形盖在第2步的3根牙签的尖上，轻轻按一下，这样就可以得到一个三棱柱了。

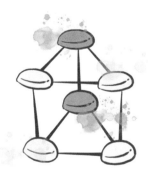

牙签数我猜对了，但软糖数我猜错了。因为 3 根牙签共享 1 颗软糖，每根牙签有 2 个头，共 18 个头，18÷3 = 6，所以只要 6 颗软糖就可以了。

实验 2 制作一个正锥体

问题 2：制作一个正四棱椎体，需要几根牙签，几颗软糖？

制作步骤

第 1 步：先用牙签和软糖做一个正方形。

第 2 步：再在每颗软糖上插入 1 根牙签。（注意：要尽量使 4 根牙签以某个角度汇合在一起）

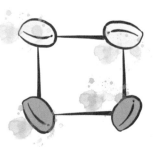

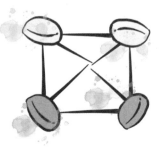

第 3 步：用 1 颗软糖把 4 根牙签尖连接起来。这就是一个正四棱锥。

你还可以试着用更多的不同的底面来做锥体，比如三角形、四边形、五边形、六边形等。

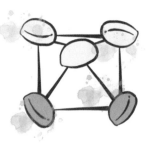

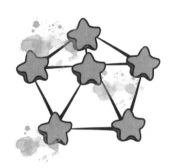

通过数一数的方法，将柱体和锥体用到的牙签数和软糖数统计出来，同时数出它们的面，制作成一个统计表：

立体图形	柱体			锥体		
	三棱柱	四棱柱	五棱柱	三棱锥	四棱锥	五棱锥
牙签数（棱）	9	12	15	6	8	10
软糖数（顶点）	6	8	10	4	5	6
面	5	6	7	4	5	6

观察表格，可以发现很多规律：

1. 柱体的秘密

（1）从三棱柱到四棱柱，再到五棱柱，牙签数从 9 到 12，再到 15，逐步增加 3，是一个公差为 3 的等差数列。

（2）从三棱柱到四棱柱，再到五棱柱，软糖数从 6 到 8，再到 10，逐步增加 2，是一个公差为 2 的等差数列。

（3）从三棱柱到四棱柱，再到五棱柱，面数从 5 到 6，再到 7，逐步增加 1，是一个公差为 1 的等差数列。

2. 锥体的秘密

（1）从三棱锥到正棱锥，再到五棱锥，牙签数从 6 到 8，再到 10，逐步增加 2，是一个公差为 2 的等差数列。

（2）从三棱锥到正棱锥，再到五棱锥，软糖数和面数是相同的，从 4 到 5，再到 6，逐步增加 1，是一个公差为 1 的等差数列。

3. 共同的秘密

顶点数＋面数－2＝棱数

如何发展空间想象能力？如何提升自己的几何素养？动手做立体图形，发现几何元素之间的关系，不仅有助于学好课本外的几何知识，更能增强空间表象、空间推理、空间想象，而这些正是同学们最为重要的几何素养。我们要充分利用身边的素材，搭出各种各样的柱体和锥体。这样，你对立体几何的理解就不再止步于课本，而是会发现更多的数学规律。

知道吗

反棱柱是什么

我们知道棱柱具有平行且相同的上底和下底，两底之间用平行四边形连接。

观察反棱柱，我们发现它的上、下底面是多边形，但它们之间却由一系列交替的上下颠倒的三角形连接。

如果从上往下观察，发现两个底并不重叠，而且是转过了一个角度，且上底的各个端点位于下底各边的中垂线上。

那么，用牙签和软糖能制作一个反棱柱体吗？你可以按以下步骤试一试。

第1步：用牙签和软糖做两个正方形。

第 2 步： 把一个正方形放在另一个正方形的上面，旋转一定角度。

第 3 步： 将上、下两个正方形的对应角和边的端点用牙签连接成三角形。

请你用三角形做一个三角形反棱柱，再用正五边形做一个正五边形的反棱柱。

9 能用称重法比较面积大小吗

（难度： ★ ★ ★ ★ ☆ ）

为什么做这个实验

　　若语家有许多蛋糕模具：有圆形的，爱心形的，椭圆形的，等等。

　　若语：这么多模具，到底哪个图形最能装？

　　诗彤：我们只学过周长和面积，面对这些不规则的图形，我们怎么比较它们的底面积大小呢？

准备材料

正方形纸盒　　记号笔　　记录纸

厨房秤　　　　　　　　　剪刀

胶水　　　　　　　　心形烘焙模具

直尺　　　　　　　　　　皮尺

大米　　　圆形烘焙模具

我们打算再增加一个正方形的模具，然后用盛放大米的多少来比较圆形、心形、正方形三个底面积的大小。具体实验步骤如下：

第 1 步：动手做一个周长为 30.5 厘米、高为 2 厘米的正方形纸盒。先用一张长方形的纸，量出长为 30.5 厘米，多余的要剪掉。然后沿着长对折两次，即把长四等分，就可以制作成一个周长是 30.5 厘米的正方形模具了。

第 2 步：测量出各个模具的底面周长。如下图所示，用软尺绕模具底面一周，测量得到周长都是 30.5 厘米；再量出各个模具的高为 2 厘米，并做上记号，这样模具的高度就统一了。

第 3 步：向各个器皿中倒入米粒，尽量铺平，使米粒数高达到 2 厘米。

第 4 步：把各个模具里的大米装入塑料袋，并在塑料袋上写上标记，以免弄错。

第 5 步： 每个袋子称 3 次，取平均值可以减少测量误差。测得三个模具大米的净质量分别为：圆形模具大米重 147.3 克，正方形纸盒大米重 146.3 克，心形模具大米重 116.7 克。

把测量数据填入如下表格：

周长相同图形面积记录表

形状	圆形	正方形	心形
周长（cm）	30.5	30.5	30.5
设定高度（cm）	2	2	2
测量次数1	153	142	120
测量次数2	146	146	117
测量次数3	143	151	113
测量平均值	147.3	146.3	116.7

根据实验数据，可以看出：周长相同，高度相同，圆形模具装的大米最多，心形模具装的大米最少。

可以推测出：当图形周长相同时，圆形面积 > 正方形面积 > 心形面积。

这个实验给我们什么收获与启发呢？

第一，在平面图形中，当周长相同时，圆形的面积最大。

第二，可以用称重法比较出两个或两个以上不规则图形的面积大小关系。

可以用称重法比较面积吗？相信你通过这个实验心中已有答案，称重和面积之间为什么可以建立联系呢？其实这个实验我们隐藏了一个很重要的信息，容器的高度是一样的，容器的大小跟高度和底面积有关。高度一样的情况下，底面积越大，容积也越大，称的大米也就越多。反之，底面积越小，容积也越小，称的大米也就越少。这样我们就可以直接根据称重结果来判断面积大小了。

小欧拉改羊圈

瑞士数学家欧拉小时候一边放羊，一边读书。

他放的羊渐渐增多，达到了 100 只。原来的羊圈有点小，他爸爸决定建造一个新的羊圈，于是用尺量出了一块长 40 米、宽 15 米的长方形土地，面积正好是 600 平方米，平均每一头羊占地 6 平方米。正打算动工的时候，他父亲发现材料只够围 100 米的篱笆。若要围成长 40 米、宽 15 米的长方形羊圈，就要再添 10 米长的材料或缩小羊圈面积。小欧拉却跟父亲说，他有办法既不用增加材料，也不用缩小羊圈，但父亲不相信小欧拉，就没有理他。小欧拉急了，大声说："只要稍稍移动一下羊圈的桩子就行了。"父亲听了直摇头，但小欧拉却坚持一定能做到。父亲见小欧拉这么坚持，最终还是同意让他试试看。

小欧拉见父亲同意了，跑到羊圈旁，以一个木桩为中心，将原来 40 米长的篱笆缩短到 25 米。父亲着急了，说："那怎么成呢？这个羊圈太小了。"小欧拉也不回答，跑到另一条边上，将原来 15 米的边长增加 10 米，变成了 25 米。经这样一改，原来的羊圈变成了边长为 25 米的正方形。然后，小欧拉很自信地对父亲说："现在，篱笆也够了，面积也够了。"

　　父亲照着小欧拉设计的羊圈扎上篱笆，100 米长的篱笆真的够了，不多不少，全部用光，面积也足够了。父亲非常高兴。

10 移动"快乐树"面积会变吗

（难度：★★★★☆）

为什么做这个实验

双休日，爸爸带我去踏青，我们在一块长方形的草坪上玩。爸爸说："我在长方形草坪的四个顶点上种4棵树，假如我是一棵可以在草坪内自由活动的'快乐树'，这样我和顶点上的4棵树相连，就围成了4个三角形，分别叫作1区、2区、3区、4区。"

爸爸从包里拿出了一张纸，画了一个示意图。（见左图）

"如果用P点代表我这棵'快乐树'，经过自由移动后，1区加3区的面积与2区加4区的面积是否会相等呢？"

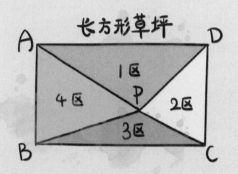

长方形草坪

纸

长方形

尺子

正方形

笔

这样来做

① 连接两条对角线，计算 1 区、3 区两个三角形和 2 区、4 区两个三角形的面积。

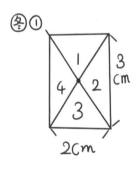

图①

经过计算：

1 区三角形的面积：$2 \times (3 \div 2) \div 2 = 1.5(cm^2)$

2 区三角形的面积：$3 \times (2 \div 2) \div 2 = 1.5(cm^2)$

3 区三角形的面积：$2 \times (3 \div 2) \div 2 = 1.5(cm^2)$

4 区三角形的面积：$3 \times (2 \div 2) \div 2 = 1.5(cm^2)$

发现： 1 区和 3 区三角形面积的和与 2 区和 4 区三角形面积的和都是 3cm²，它们面积相等。

❷ 在长方形中，取任意一个点，与长方形四个角的顶点相连，从该点分别作各个三角形的高，计算 1 区、3 区两个三角形和 2 区、4 区两个三角形的面积。

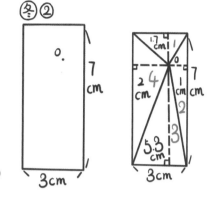

图②经过计算：

1 号三角形面积：$3 \times 1.7 \div 2 = 2.55$ (cm²)

2 号三角形面积：$7 \times 1 \div 2 = 3.5$ (cm²)

3 号三角形面积：$3 \times 5.3 \div 2 = 7.95$ (cm²)

4 号三角形面积：$7 \times 2 \div 2 = 7$ (cm²)

发现： 1 号和 3 号三角形的面积和与 2 号和 4 号三角形的面积和都是 10.5cm²，它们的面积相等。

❸ 在正方形中，取任意一个点，与正方形四个角的顶点相连，从该点分别作各个三角形的高，计算 1 号和 3 号两个三角形和与 2 号和 4 号两个三角形的面积之和。

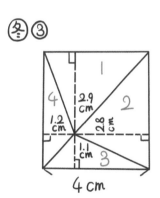

1 号三角形的面积：$4 \times 2.9 \div 2 = 5.8$ (cm²)

2 号三角形的面积：$4 \times 2.8 \div 2 = 5.6$ (cm²)

3 号三角形的面积：$4 \times 1.1 \div 2 = 2.2$ (cm²)

4 号三角形的面积：$4 \times 1.2 \div 2 = 2.4$ (cm²)

发现： 1 号和 3 号三角形的面积和与 2 号和 4 号三角形的面积和都是 8cm²，它们的面积相等。

通过具体数据计算后，我们初步得出了结论。但是，数学不能仅用几个正确的例子就得出结论，万一有一个反例怎么办？

通过这番计算，爸爸点拨道："能不能用假设的方法，比如用字母来代替具体的高度，从而推导出它们之间的关系呢？"

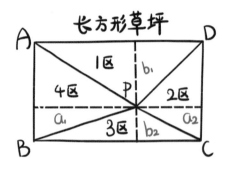

假设 1 区、2 区、3 区、4 区三角形的高分别为：a_1、a_2、b_1、b_2。

1 区三角形的面积：$a \times b_1 \div 2$

3 区三角形的面积：$a \times b_2 \div 2$

$$S_{\triangle 1} + S_{\triangle 3} = a \times b_1 \div 2 + a \times b_2 \div 2$$
$$= a(b_1 + b_2) \div 2$$
$$= ab \div 2$$

2 区三角形的面积：$a_2 \times b \div 2$

4 区三角形的面积：$a_1 \times b \div 2$

$$\therefore S_{\triangle 2} + S_{\triangle 4} = a_2 \times b \div 2 + a_1 \times b \div 2$$
$$= b(a_1 + a_2) \div 2$$
$$= ab \div 2$$

发现： 1 区和 3 区三角形的面积和与 2 区和 4 区三角形的面积和相等。

相对的两个三角形的面积是各自底和高相乘的一半，而两条高相加正好是长或宽，也就是相对两个三角形面积的和，恰好是长方形面积的一半。

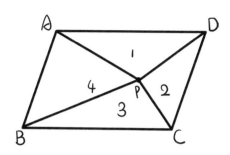

想一想，如果把长方形换成一般的平行四边形，这结论还成立吗？请你写一写证明过程。

玩玩看

正方形草坪 *ABCD*（见下图）的边长为 12 米，*P* 是边 *AB* 上的任意一点，*M*、*N*、*I*、*H* 分别是边 *BC*、*AD* 上的三等分点，*E*、*F*、*G* 是边 *CD* 上的四等分点，图中阴影部分的面积是多少？（请你写出详细的思考过程）

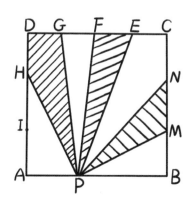

11 硬币能穿越比它小的圆洞吗

（难度：★★★☆☆）

为什么做这个实验

一个圆洞的面积比硬币大，硬币可以顺利穿过。一个圆洞的面积和硬币一样大，硬币也可以顺利穿过。如果一个圆洞的面积比硬币小，硬币依然可以穿过吗？

准备材料

圆规

3张 A4纸

硬币

剪刀

第1步： 拿出1张A4纸，对折。

第2步： 量好硬币的半径，画个圆。

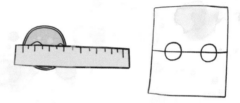

第3步： 在A4纸对折处，画两个半圆，剪出半圆。

第4步： 在半圆内放入硬币。硬币不能从半圆处掉出，如果强行拉出来，会造成纸张破裂。

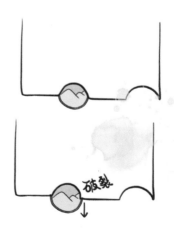

第5步：另外一个半圆放入硬币，然后拉动纸张形成椭圆形。

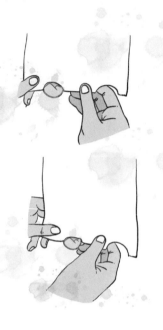

第6步：硬币成功脱落。

为什么会这样

实验中，将纸张对折，并拉住折痕向下用力，这时圆变成了椭圆形。椭圆的长轴大于圆的直径，硬币就可以顺利穿过。如右图可以这样理解：

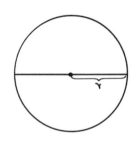

圆变成椭圆的过程中，周长不变，面积发生了变化，原来圆的半径是 r，在椭圆中有长半轴 a 和短半轴 b，只要 $2a > 2r$，那么硬币就能穿过。

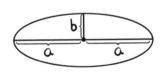

1. 画科赫雪花

分形是一种形状，不管你把它的某一特定部分放得有多大，它都与自身相似。

自然界里就存在分形，如冻结在玻璃窗上的冰晶，漂亮轻盈的雪花等。最早被发现与描述的分形就是科赫雪花。现在我们来动手画一个科赫雪花。

第1步： 任意画一个正三角形，并把每一边三等分。

第2步： 取三等分后，以每一边中间一段为边向外作正三角形，并把这"中间一段"擦掉。

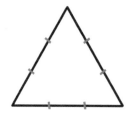

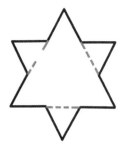

第3步： 重复上述两步，画出更小的三角形。

第4步： 一直重复，直到无穷，由于这个图形很像雪花，因此我们称之为科赫雪花，所画出的曲线叫作科赫曲线。

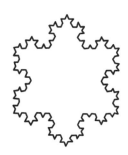

科赫雪花上加的边越多，其周长就越大。所以，如果你不断地这样加边，周长也会不断地增大，因此，科赫雪花的周长就会变得无穷大。这是不是很神奇？

2. 明日环魔术

中国魔术历史悠久，源远流长。"明日环"是中国人发明的，所以原名也叫"中国环"。它是由一条项链和一个空心圆圈组成。

明月环魔术

第1步：用左手的大拇指和食指撑起项链，并且把中指卷曲起来。

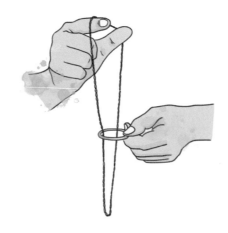

第2步：用右手将圆环套进项链中，把圆环提到中指上方，再松手让圆环下落碰到中指，并自然下落，圆环就套进链子里并被链子绑住。

想一想：为什么圆环会被链子绑住呢？

　　这次实验中，圆的周长没有改变，硬币的面积比圆大，却能从这个狭小的圆中掉出来。因此，我们如果站在不同角度看问题的话，有时会豁然开朗。在拓展实验中，随着三角形个数的增加，这个图形的分支将会越来越小，小到肉眼也看不到，但它却能变出无限大的距离。如果把三角形换成正方形、正五边形、正六边形，你能创作出更多的分形雪花吗？不要忘记给它命名，一个以你的名字命名的雪花，太有意义了。

12 如何测量筷子的体积

（难度：★ ★ ★ ★ ☆）

筷子是中国人发明的，据说已有3000多年的历史。我们中国人吃饭肯定离不开筷子，可是你想过没有，一双筷子占多大空间呢？也就是它的体积是多少？我们该如何测量筷子体积呢？也许你会说，可以用排水法测筷子的体积，可是筷子太轻，沉不下去或太长淹没不了怎么办？现在我们就通过实验来解决这些问题。

准备材料

重物（玩具熊）

橡皮筋

大中小号量杯各1个

一次性筷子2双

1. 如何测量筷子的体积?

筷子不是形状规则的物品,不能直接用公式计算,对此,我们可以采用排水量的方法来测量它的体积,具体方法如下:

在大号量杯里倒满水,再将筷子放进水。这样,大号量杯就会溢出一些水,再把这些溢出的水放入中号或小号量杯。这样,量杯里的水所占用的容积就是筷子的体积。

2. 筷子太轻沉不下去怎么办?

对于这种情况,可以进行如下操作:把一个重物绑在筷子上,这样就能沉下去了。由于重物也是不规则的,我们也可以用排水法测量出它的体积。然后再用重物和筷子的体积,减去重物的体积,剩下的就是筷子的体积。

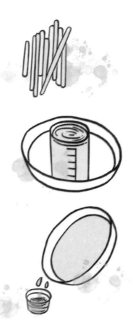

3. 筷子太长淹没不了怎么办？

这个问题其实非常简单，只要将筷子折成 3 段就可以了。虽然筷子被折成了 3 段，但是体积没变。

4. 筷子太轻变化不明显怎么办？

只要每根筷子质量一样，可以将多双筷子绑在一起，然后用总体积除以筷子的根数，就能算出每根筷子的体积。

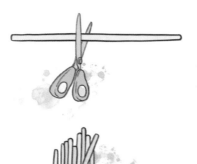

为了减少测量的误差值，我做了十次实验，下表是每次实验的数据记录。

次数	1	2	3	4	5	6	7	8	9	10
重物体积(cm³)	11	12	11	11	12	11	12	12	12	11
筷子＋重物体积(cm³)	40	42	45	43	42	41	43	41	42	45
筷子体积(cm³)	29	30	34	32	30	30	31	29	30	34

会发生什么

运用平均数知识，可以算出 2 双筷子体积的平均值为 31 立方厘米。那么 1 双筷子体积大约是 15.5 立方厘米。

我国约有 14 亿人口，如果每人每天使用 1 双一次性筷子，则筷子的体积总和为：

15.5×1400000000 ＝ 21700000000（立方厘米）＝ 21700（立方米）

据调查，一棵 10 米高的树，体积约为 1.5 立方米。

我们来算一算：21700÷1.5 ≈ 14467（棵）

看到这个结果，我脑海里浮现出一整片一整片树林消失的场景，因为现在的人使用一次性筷子很普遍，而且有的人一天要用掉好几双。为了保护环境，我们提倡循环利用筷子。

听说过"筷子提米实验"吗？可以按以下步骤试一试，看看会发生什么神奇的结果。

实验步骤很简单：把一双筷子放到空矿泉水瓶子里，然后慢慢倒入大米，记得要倒满哟。

倒满以后，轻轻提起筷子，你猜会发生什么现象呢？做一做这个有趣的实验吧，想一想这是什么原因呢。

为什么会这样

物体和物体之间有摩擦力，而且压力越大摩擦力就越大。在实验中，随着大米的慢慢倒入，瓶子、筷子和大米紧紧地挤在一起，这样它们之间的摩擦力也不断增大，将筷子向上提起的时候，大米和瓶子由于摩擦力的作用阻碍了筷子向上运动，因此，筷子就能将装满大米的瓶子提起来了。

第 3 章

数据分析实验

见过绿豆吗？有人异想天开，要用绿豆测量树叶的面积，这真能做到吗？

看到圆周率，你一定会想到祖冲之，并知道他和圆周率的故事。但我现在告诉你，只要一枚投针，我也能得出圆周率，你相信吗？

这些实验都跟"数据分析"有关，让我们一起玩玩看吧！

13 节能灯到底能节能多少

（难度：★★★★☆）

为什么做这个实验

我：爸爸，报纸上说有关部门出台了政策，鼓励推广使用节能灯，禁止进口和销售 100 瓦及以上的普通照明白炽灯。

爸爸：节能减排，这个政策好啊。

我：不就是一盏灯嘛，对节能真能有这么大贡献吗？

爸爸：既然敢叫节能灯，就应该是有作用的吧。

我：爸爸，我觉得你的语气里充满了不确定啊。

爸爸：哈哈哈，被你看穿了，要不你做一次调查看看吧。

准备材料

1. 家庭节能灯使用情况调查问卷

2. 节能灯相关资料

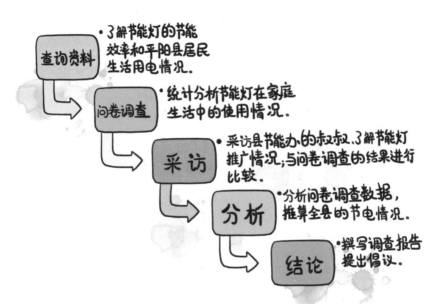

查询资料 · 了解节能灯的节能效率和平阳县居民生活用电情况。

问卷调查 · 统计分析节能灯在家庭生活中的使用情况。

采访 · 采访县节能办的叔叔,了解节能灯推广情况;与问卷调查的结果进行比较。

分析 · 分析问卷调查数据,推算全县的节电情况。

结论 · 撰写调查报告,提出倡议。

会发生什么

　　向学校的高年级同学和小区居民随机发放 150 份问卷,收回 120 份,剔除填写不全和不符合实际的问卷 12 份,得到 108 份有效问卷。

1. 家庭照明灯情况

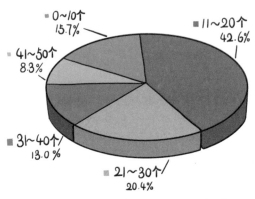

图1 家庭照明灯个数分布图

在被调查的 108 户家庭中，使用照明灯最多的有 49 个，而最少的只有 3 个，平均是 20.5 个。家庭照明灯个数为 11 ～ 20 个的占 42.6%，21 ～ 30 个的占 20.4%，所以大多数家庭的照明灯数为 11 ～ 30 个，占到了 63.0%。

2. 家庭节能灯使用率

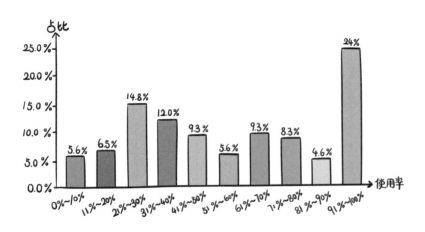

图2 家庭节能灯使用率分布图

从图 2 可以看出，节能灯家庭使用率在 91%~100% 的，占比为 24%，是 10 个档次里面最多的。这说明，随着节能知识的普及，人们的节能意识提高了，在装修的时候常常会更多地考虑节能灯的使用。

1. 节能灯的省电率为多少？

一盏 8 瓦节能灯的亮度相当于一盏 40 瓦白炽灯的亮度，所以节能灯相对于白炽灯的节电率为：

$$（40-8）÷40×100\%＝80\%$$

2. 节能灯的推广率是多少？

据统计 108 个家庭共有照明灯 2216 只，其中有 1192 只为节能灯，所以节能灯的推广率是：

$$1192÷2216×100\%＝53.8\%$$

3. 平均每户每月的用电量是多少？

2010 年平阳县全年居民用电量为 43960 万千瓦时，全县总户数为 244150 户。所以每户家庭每月的平均用电量为：

$$439600000÷244150÷12≈150（千瓦时）$$

4. 每户家庭在照明上的用电量是多少？

有人做过测试，家庭用电量约有 50% 是用在照明上，所以家庭每月平均照明用电量为：

$$150×50\%＝75（千瓦时）$$

5. 如果全部使用节能灯，一户家庭一个月能节省多少电量？

从上面的计算结果可以算出全部使用节能灯后，一户家庭一个月节省电量为：

$$75×（1-53.8\%）×80\%＝27.72（千瓦时）$$

6. 一户家庭一年能节省多少电量？

$$27.72×12＝332.64（千瓦时）$$

7. 全县家庭一年能节省多少电量？

$$332.64×244150＝81214056（千瓦时）$$

8. 全县家庭一年节省的电相当于多少标准煤？

据专家统计，每节约 1 千瓦时电，相当于节约了 0.4 千克标准煤，所以全县家庭一年节省的电相当于标准煤量为：

$$81214056 \times 0.4 \approx 32485622（千克）\approx 32486（吨）$$

9. 全县家庭一年省电相当于减少排放多少二氧化碳？

每节约 1 千瓦时电，就相当于减少排放二氧化碳 0.997 千克，所以全县家庭一年减少排放的二氧化碳为：

$$81214056 \times 0.997 \approx 80970414（千克）\approx 80970（吨）$$

10. 如果全市、全省、全国家庭都使用节能灯，到底可以节能和减排多少呢？

虽然准确的数据我计算不出来，但是从全市到全省再到全国，这个数据一定会翻上千万倍，最后肯定会是一个很大的数。虽然一盏小小的节能灯，节能减排的能力微不足道，但是 14 亿中国人都使用节能灯，节能减排力量该是多么巨大啊！

14 用绿豆能测出树叶面积吗

（难度：★★★★☆）

为什么做这个实验

在课本上，我们学过可以借助格子图用分类数和转化算这两种方法估测出不规则图形的面积。

课后，我突发奇想：如果没有格子图，身边只有直尺和绿豆，能测量出树叶的面积吗？

为一探究竟，我邀约了几个好伙伴开始了一次实验探索之旅。

准备材料

盒子 ←

一张 15cm×12cm 的长方形纸

绿豆

树叶

一把直尺 ←

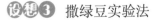

这样来做

1. 实验设想

设想① 直接铺设法

学霸张：先用绿豆填满树叶，然后数出绿豆的数量，估计出一颗绿豆底部的大小，用一颗绿豆的底面积乘绿豆的数量来推测树叶的面积。

篮球王：想法不错，但绿豆很难数，绿豆并不是一个规则的立体，底面面积很难计算。

设想② 铺满转化法

歌唱家林：我想改进一下学霸张的实验想法，先将绿豆铺满整个不规则图形，然后不改变这些绿豆的数量，将它们摆成一个长方形，只要测量这个长方形的长和宽，就能算出长方形的面积，也就推测出了树叶的面积。

合：这个方法将不规则图形转化为规则图形计算，可以更加精确，也能更方便地算出这个不规则图形的面积。

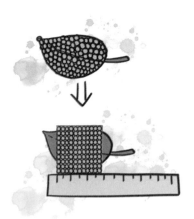

设想③ 撒绿豆实验法

实验吴：我有一个大胆的想法，你

看，我们在不规则图形的上空撒一把绿豆，然后分别数出在长方形里面和不规则图形里面的绿豆的数量，看看两部分数量有怎样的关系。它们的面积也应该具有这样的关系。因为长方形的长和宽可以测量，可以计算出长方形的面积，然后就可以根据这种关系计算出不规则图形的面积了。

歌唱家林：撒一次不行吧，因为分布不一定均衡呀。

篮球王：我担心不太准确。

学霸张：这种方法我们以前从来没有遇到过，可以先试一试，做一做实验，然后再下结论行。

实验吴：大家的建议和思考很理性，不轻易相信一种方法，也不轻易否定一种方法。我们有什么好办法解决撒不太均衡的问题呢？大家可以先玩一玩试一试。

通过尝试和实验，大家从撒的高度、位置、力度等方面总结出了怎么撒比较均衡的好方法，还领悟到了一个重要思想方法，就是要多撒几次，把偶然性降低。

2. 实验实施

我们五人进行了任务分工：

（1）撒豆：五个人轮流撒绿豆，每人各撒 2 次，共进行 10 次。

（2）记录：每撒一次，统计员就要记录数据。

（3）计算：最后算出几次实验的总数据。

实验顺利完成，我们用统计表汇总数据：

次数	1	2	3	4	5	6	7	8	9	10	合计
长方形里的粒数	148	98	64	185	106	138	89	124	78	172	1202
树叶里的粒数	72	46	33	104	47	71	50	58	35	80	596

数据收集后，利用 Excel 表格把数据转化为条形统计图。

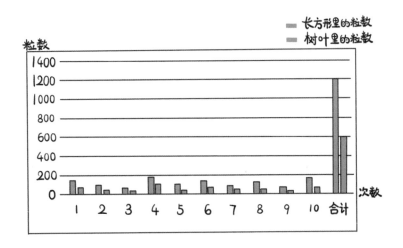

3. 数据分析

观察条形统计图，不难发现，树叶上绿豆的总颗数约占长方形中总颗数的一半，也可以说长方形上的绿豆总颗数是在树叶上的颗数的 2 倍。

据此，我们可以推测出长方形的面积是树叶面积的 2 倍。

通过测量，长方形的长是 15 厘米，宽是 12 厘米，我们推测出树叶的面积：

$$15×12÷2＝90（平方厘米）$$

4. 验证猜想

我们可以用分类数和转化算的方法来验证。

用分类数的方法得到的面积大约是 89 平方厘米。

用转化算的方法得到的面积大约是 90 平方厘米。

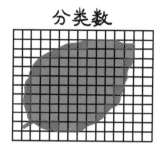

分类数

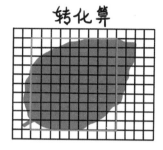

转化算

会发生什么

我们发现可以用撒绿豆的方法，计算出规则图形和不规则图形中绿豆数量的倍数关系，然后推测出不规则图形的面积。

实验设想 3 是用随机的思想，用统计概率的方法，完成这次研究任务。

小贴士

"用绿豆测出树叶的面积"，这个实验综合了数与代数、图形与几何、统计与概率等不同学习领域的知识，可以发展孩子们的数感、运算能力、空间观念、数据分析观念等，还能联系分类、转化等数学思想方法。这项高水平的数学实验，使面积与概率两个不同领域的内容实现了完美的整合，这一整合不仅打通了孩子们的随机思维和定量思维的任脉，而且实现了思维方式的创新。

蒙特卡洛法

平面上有一个边长为 1 的正方形，其内部有一个形状不规则的图形，如何求出这个图形的面积呢？可用蒙特卡洛法"随机化"的方法：向该正方形随机地投掷 a 个点，有 b 个点落入这个不规则图形中，则该不规则图形的面积近似为 $\dfrac{b}{a}$。

我们用绿豆代替图钉，经过实验，也是可以的。

15 投针就能得到圆周率吗

（难度：★★★★☆）

为什么做这个实验

彬航：妈妈，你知道 3 月 14 日是什么节日吗？

妈妈：3 月 14 日是白色情人节呀。

彬航：你别逗我了，3 月 14 日是"π"节，3.14 呀。

妈妈：对对对，你已经六年级了，学过圆周率。历史上有个数学家叫布丰，他用投针的方法竟然得到了圆周率的近似值，你听说过吗？

彬航：不会吧，我只知道可以用割圆术求得圆周率的近似值，投针与圆周率会有什么联系吗？

准备材料

牙签 ← ← → 大头针

白纸（2 张） ←

笔 → 直尺

实验 **1**

第 1 步： 量出两头尖的牙签长度为 6.2 厘米。

第 2 步： 在大的白纸上画出平行线，相邻两根平行线之间的距离是牙签长度的两倍，即 12.4 厘米。

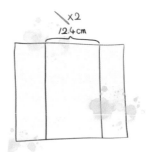

第 3 步： 在画有平行线的白纸上随机扔牙签，如果牙签与任意一条平行线相交，则记录下来，可以用画正字法进行记录，最后记录在表格中：

扔的总次数(N)	
与平行线相交的次数(M)	

第 4 步： 根据 $\dfrac{N}{M}$ 算出结果。

实验 **2**

步骤同牙签实验，我用的大头针的长度为 2.4 厘米，则相邻平行线间的距离是 4.8 厘米。

注意事项：

1. 若针有跳出白纸范围的现象，则重新再投。

2. 若针和直线是否相交看不清楚，可以不计，再投一次。

接下来，不停地往白纸上投针并把数据记录下来。为了模拟随机，我坐着投、站着投、各个角度投，花了两个小时左右的时间完成实验。

完成 2 个小实验后，根据记录的实验数据，制成表格 1，并进行计算。

表1 用牙签投掷实验数据表

投的总次数N	相交次数M	$\frac{N}{M}$	与π(3.142)的差
100	33	3.030	-0.112
200	66	3.030	-0.112
300	103	2.913	-0.229
400	137	2.920	-0.222
500	171	2.924	-0.218
600	210	2.857	-0.285
700	242	2.893	-0.249
800	281	2.847	-0.295
900	308	2.922	-0.220
1000	340	2.941	-0.201
1100	362	3.039	-0.103
1200	395	3.038	-0.104
1300	424	3.066	-0.076
1400	458	3.057	-0.085
1500	488	3.074	-0.068

实验 1 总共做了 1500 次投掷，表 1 给出了每隔 100 次投掷的相交次数，并计算了 $\frac{N}{M}$ 的结果。从中可以看出，投的时候 $\frac{N}{M}$ 值偏小，一直有波动；随着投掷次数的增加，$\frac{N}{M}$ 的值慢慢靠近 π；误差最大为 0.295，最小为 0.068。

表2 大头针投掷实验数据表

投的总次数N	相交次数M	$\frac{N}{M}$	与π(3.142)的差
100	34	2.941	-0.201
200	67	2.985	-0.157
300	97	3.093	-0.049
400	132	3.030	-0.112
500	168	2.976	-0.166
600	196	3.061	-0.081
700	226	3.097	-0.045
800	260	3.077	-0.065
900	297	3.030	-0.112
1000	324	3.086	-0.056
1100	356	3.090	-0.052
1200	383	3.133	-0.009
1300	412	3.155	0.013
1400	445	3.146	0.004
1500	472	3.178	0.036
1600	504	3.175	0.033
1700	548	3.102	-0.040
1800	576	3.125	-0.017
1900	605	3.140	-0.002
2000	643	3.110	-0.032

实验 2 总共做了 2000 次投针，从表 2 中可以看出，一开始投的时候 $\frac{N}{M}$ 的值比较高，随着投针次数增加，$\frac{N}{M}$ 的值慢慢降低，与 π 的误差越来越小；但是数据存在波动，最后在 π 的上下浮动；误差最大为 0.201，最小为 0.002，最接近 π 的次数在 1200 次和 2000 次左右。

如果把第 1900 次的数据再次进行计算，取小数点后 4 位，它的值是 3.1405，与 π ≈ 3.1416 相比，误差是 0.0011。

对比两组实验数据发现，大头针的实验数据误差小于牙签。原因可能在于大头针的材质为铁，长度较短，纸张较小，相对而言比较随机；而牙签木头材质，比较轻，长度较长，白纸范围也比较大，当随机实验投的高度较高时，最终结果可能没有大头针的误差小。

为什么会这样

平面上有距离为 d 的平行线和直径为 d 的圆圈（如下图所示），把这些圆圈随机扔到平行线上，这时会出现有两种情况：一种是刚好卡在两条平行线中间，一种是落在一条平行线上，结果都是圆和直线一共有 2 个交点。若扔 N 次，交点数 M 就是 $2N$。

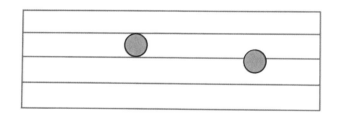

如果把直径为 d 的圆圈拉直成一根铁丝，则铁丝长度为 πd，即周长，现在把它们也扔到这些平行线上，则可能相交 0，1，2，3，4 个点。因为铁丝垂直平行线时，交点最多有 4 个，此时铁丝的长与平行线间距离的比为 $\frac{\pi d}{d} \approx 3.14$。

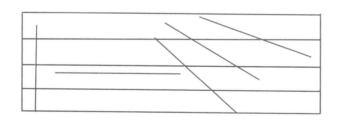

因为圆圈的周长和铁丝长度相等，所以投得足够多次时，它们和平行线相交的次数应该趋于一致，若扔 N 次，最终交点数 $M \approx 2N$。

此时，假设铁丝长度为 I 时，随机扔 N 次铁丝到平行线上，交点数 M 和铁丝长度 I 成比例关系。假设比例系数为 K，就有：

$$\frac{M}{I} = K \qquad （1）$$

如果有特殊情况，即让铁丝长度 I 等于圆圈周长 πd，$K = \frac{M}{\pi d} \approx \frac{2N}{\pi d}$，并将（1）式代入，就有：

$$\pi \approx \frac{2N}{Kd} \approx \frac{2N}{(\frac{M}{I})d} \qquad （2）$$

将结论推广到 I 是平行线间距离 d 的一半的时候，即 $I = \dfrac{d}{2}$，式（2）就变为：

$$\pi \approx \frac{N}{M}$$

理论上说，如果针的长度是平行线间距的一半，最终就可以近似得到 π。

其实，理论和实际有差距是正常的，只要我们能够发现"布丰投针"的真正原理并用实验去验证它，坚持真实的数据，即使不完美，也达到了实验的目的。其实从统计角度说，即使投十万次，也未必能和 π 值一模一样。

小贴士

亲身实践"布丰投针"问题，近乎两小时的实验，没有坚毅的品质很难坚持下去。小钟同学很有耐心，会观察表格，并能根据数据的变化，用数学的语言进行描述。一个几何问题，却能用统计与概率的知识去解决，有时候不同领域是相通的。因此，有时候换个角度，问题可能就会有新的解法，不要拘泥于一种方法，这对培养创新思维很有帮助。

据说，在 1777 年，法国科学家德·布丰邀请很多宾客到家里观看一个神奇实验。主人布丰拿出一张画满平行线的纸和一把针，针的长度是平行线距离的一半，他让宾客们随意把针扔到纸上。宾客扔了一个多小时，布丰把扔的次数 N 以及针和平行线的交点数 M 记录下来，结果布丰宣布 $\frac{N}{M}$ 是 3.142，接近于 π。

历史上，也有一些记录用布丰原理投针实验的数据（见表 3）。

表 3 历史上投针实验数据

试验者	时间	投掷次数	相交点数	圆周率估计值
Wolf	1850年	5000	1583	3.1586
Smith	1855年	3204	1015	3.1566
C.DeMorgan	1860年	600	191	3.1413
Fox	1884年	1030	326	3.1595
Lazzerini	1901年	3408	1084	3.1439
Reina	1925年	2520	793	3.1778

你对这个实验感兴趣吗？如果感兴趣也可以准备一张实验纸和大头针，动手做一做，也许会有不一样的收获。

16 哪种出行方式最佳

（难度：★★★★★）

为什么做这个实验

每当节假日，西湖周边总是游客如云，西湖景区的拥堵问题便成了杭州人民的一个"痛"。据调查，74.8%的人会选择步行游览西湖，52.9%的人选择共享单车，23.50%的人选择共享电动车，选择公交车和网约车的人分别占27.6%和11.3%，而选择游船的占23.9%。

如果把出行的时间、成本、环保、安全、可游览的景点等方面综合考虑进去，哪种出行方式最佳呢？我们以"西湖断桥—雷峰塔"为出行路线，通过实验研究，比较出哪种出行方式更好。

准备材料

电动车
计时器
建模评估表
公交车
游船
网约车

这样来做

我们根据出行方式的种类，分成了六个实验小组，分别为：步行实验组、共享单车实验组、电动车实验组、公交车实验组、网约车实验组、游船实验组。

每个实验组，根据交通工具的特点，从时间、成本、可游览的景点三个方面进行实证调查。

① 步行实验组：陈柔嘉、魏弈舟

交通工具	路线	计时(分钟)				费用	步行距离(km)	景点个数	整体感受
		步行	等候	行车(船)	总计				
步行	断桥→白堤→苏堤→南山路→雷峰塔	91	8	/	99	/	5.9	7	沿途空气清新，途经景点多；但路上花费时间多，消耗体力大。
	断桥→湖滨→南山路→雷峰塔	84	3	/	87	/	5.08	4	沿途风景优美，南山路充满人文气息，购物餐饮十分便利，南山路梧桐飞絮令人不适。

两条不同的经过路线，平均耗时 93 分钟，途经景点总个数 11 个，每条路线平均 5.5 个景点。

② 共享单车实验组：李明珊

交通工具	路线	计时(分钟)				费用	步行距离(km)	景点个数	整体感受
		步行	等候	行车(船)	总计				
共享单车	断桥→湖滨公园→柳浪闻莺→雷峰塔	/	/	32	32	2	/	4	沿途树多,风景优美。
	断桥→岳庙→杭州花园→花港观鱼→雷峰塔	/	/	45	45	2	/	5	北山路段拥堵,杨公堤上下坡较多,阴凉。
	断桥→岳庙→植物园→茅家埠→花港观鱼→雷峰塔	/	/	51	51	2	/	6	灵隐路段环境好,适合骑行,但该线路骑行较远,因此舒适度有所下降。

　　三条不同的经过路线，平均耗时 42.67 分钟，平均费用 2 元，途经 15 个景点，每条路线平均 5 个景点。

③ 共享电动车实验组：潘天佾

交通工具	路线	计时(分钟)				费用	步行距离(km)	景点个数	整体感受
		步行	等候	行车(船)	总计				
电动车	断桥→湖滨公园→柳浪闻莺→雷峰塔	/	/	24	24	3		4	湖滨段行人较多，有少量拥堵，南山路段树多，很幽静，适合骑行。
	断桥→岳庙→杭州花圃→花港观鱼→雷峰塔	/	/	31	31	6		5	北山路段拥堵，杨公堤上下坡较多，阴凉。
	断桥→岳庙→植物园→茅家埠→花港观鱼→雷峰塔	/	/	34	34	6		6	灵隐路段环境好，适合骑行，但该线路骑行较远，因此舒适度有所下降。

  三条不同的经过路线，平均耗时 29.67 分钟，平均费用 5 元，途经 15 个景点，每条路线平均 5 个景点。

④ 公交车实验组：温予萌

交通工具	路线	计时(分钟)				费用	步行距离(km)	景点个数	整体感受
		步行	等候	行车(船)	总计				
公交车	断桥→白堤(52路公交车)→岳坟→花圃→苏堤→雷峰塔	15	27	31	73	2	1.3	3	步行时间较长,候车时间太长,停靠站点9个,沿途风景美。
	断桥→白堤(西湖外环线)→岳坟→花圃→苏堤→雷峰塔	15	5	23	43	5	1.3	3	步行时间较长,候车时间短,始发站5分钟一班车,停靠站点4个,沿途风景美。
	断桥→龙翔桥(西湖内环线)→公园→雷峰塔	5	17	30	52	5	0.5	3	步行时间短,候车时间较长,停靠站点6个,沿途风景美。
	断桥→葛岭(51路)→公园(4路)→雷峰塔	5	15	37	57	4	0.5	3	步行时间短,候车时间较长,搭乘等候时间受交通状况影响大,停靠站点9个,沿途风景美。

❀   三条不同的路线，平均耗时 56.25 分钟，其中等候的平均时间为 16 分钟，平均费用 4 元，每条路线平均 3 个景点。而且每条公交路线都需要步行一段时间，最长的要步行 1.3 千米。

⑤ 网约车实验组：赵轶颉

交通工具	路线	计时(分钟)				费用(元)	步行距离(km)	景点个数	整体感受
		步行	等候	行车(船)	总计				
网约车	断桥→北山路→杨公堤→南山路→雷峰塔	/	17	32	49	29.36	/	3	北山路非常拥堵,仅有一个红绿灯,候车时间长达16分钟,总耗时49分钟,产生费用也较高,节假日用网约车出行性价比不高。
	雷峰塔→南山路→延安路→北山路→断桥	/	22	27	49	25.69	/	3	临近下午,景区游客更加多,所以候车时间更长,行车时间缩短的主要原因是司机在杭州开车多年,部分路段采用了走道小路的方式,行车时间缩短,资费比滴滴快车略微便宜。

两条不同的路线，坐车平均耗时 49 分钟，而等候的平均时间为 19.5 分钟。每条路线平均费用 27.53 元，平均 3 个景点。

⑥ 游船实验组：徐浩天

交通工具	路线	计时(分钟)				费用(元)	步行距离(km)	景点个数	整体感受
		步行	等候	行车(船)	总计				
船	电动船：断桥→雷峰塔	25	5	35	65	45	2	3	节假日游客多，有可能挤，较为舒适。
	手划船：断桥→雷峰塔	25	22	90	137	225	2	3	舒服，可以享受西湖美景，环保但价格贵。

两种不同的游船，平均耗时 101 分钟，平均 3 个景点。

6个实验组调查了6种不同交通工具出行的情况，那么哪种出行方式更佳呢？对此，我们可以用"模糊评价"工具进行综合考量。

首先，确定评判对象，分别是步行、共享单车、共享电动车、公交车、网约车、游船。

其次，确定评判因素，主要从以下五方面着手：

通畅性：用耗费的时间来评判。

经济性：用花去的费用来评判。

景观性：用途经景点的个数来评判。

环保性：用整个行程所排放的二氧化碳质量表示。

安全性：用专家打分法确定，对每种出行方式的安全性在 0～1 范围内进行打分，取平均分代表该出行方式的安全性。

因素值		评判因素				
		通畅性（分钟）	经济性（元）	安全性	环保性（kg CO2）	景观性（个）
评判对象	步行	93	0	0.7714	0	5.5
	共享单车	42.67	2	0.6857	0	5
	共享电动车	29.67	5	0.6714	0.0777	5
	公交车	56.25	4	0.7143	0.0543	3
	网约车	49	27.45	0.5571	1.1040	3
	游船	101	135	0.7714	0.0196	3

然后计算出每个维度的隶属度。隶属度代表了各评判对象在相应评判因素下的优劣程度，隶属度越高表示该评判对象越优。

隶属度	评判因素				
	通畅性 （分钟）	经济性 （元）	安全性	环保性 （kg CO_2）	景观性 （个）
评判对象 步行	0.1122	1	0.7714	1	0.5
评判对象 共享单车	0.8178	0.9852	0.6857	1	0.5
评判对象 共享电动车	1	0.9630	0.6714	0.9296	0.5
评判对象 公交车	0.6274	0.9704	0.7143	0.9508	0.3
评判对象 网约车	0.7290	0.7961	0.5571	0	0.3
评判对象 游船	0	0	0.7714	0.9822	0.3

最后，我们再根据上表各评判对象的总得分值，除以 5，就计算出了每种出行方式的平均分值，如下图所示。

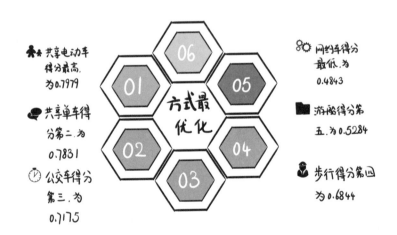

从上图中可以看出，共享电动车得分最高为 0.7979 分。所以，选择共享电动车出行是最佳选择。

我们的建议：路线在 1 千米以上的，杭州市民和游客选择共享电动车或共享单车出行，尽量不要选择网约车。

　　下图是国际著名护士南丁格尔发明的"南丁格尔玫瑰图"，她自己常昵称这类图为"鸡冠花图"。如新冠肺炎的发病数据，很多媒体用玫瑰图展现出来，让人一目了然。你可以试着调查一项事物，然后用玫瑰图来表示数据，看看效果怎么样。

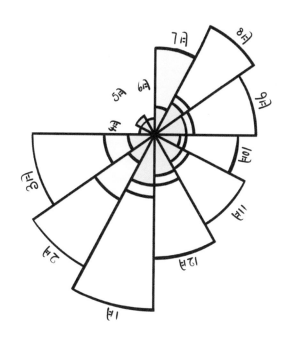

第 **4** 章

数学推理实验

希腊大英雄阿喀琉斯是跑步"飞人"。有一天他碰到一只乌龟,乌龟嘲笑他说:"别人都说你厉害,但如果你跟我赛跑,还未必追得上我。"阿喀琉斯大笑说:"这怎么可能?"于是阿喀琉斯和乌龟举行了一次跑步比赛,但意想不到的结果是大英雄阿喀琉斯确实追不上乌龟。

相信你已经对这个好玩有趣的实验迫不及待了,从中你还可能会学到一些实用的数学方法,赶紧去一探究竟吧。

17 你会做裁判吗

（难度：★★★☆☆）

我喜欢看足球赛，足球赛一般先进行单循环赛（每两队赛一场），然后再进入 $\frac{1}{8}$ 赛，$\frac{1}{4}$ 赛，半决赛，最后才是冠亚军决赛。每场比赛胜队得3分，负队得0分，平局两队各得1分。若A、B、C、D队总分分别是1分、4分、7分、8分，E队也参加单循球赛。请问：E队最多得几分？最少得几分？

对于这个问题，我们可以借助玩偶通过推理分析的方法来进行模拟实验，一起试试吧。

准备材料

> 纸笔若干

5个玩偶分别
代表五支球队

① 请五支足球队出场，他们分别是白兔队（A 队）、棕熊队（B 队）、白熊队（C 队）、熊宝宝队（D 队）、史迪奇队（E 队）。

② 经过一番精彩激烈的比赛后，具体得分情况如下图：

想一想：史迪奇队（E 队）最多得几分，最少得几分呢？

首先，每支队伍都踢了 4 场比赛，每场比赛获得的分数只可能是 3 分、1 分或者 0 分。所以各局得分的分析结果如下：

	得分	各局得分
A	1	0001
B	4	0013或1111
C	7	0133
D	8	1133
E	?	

会发生什么

因为五支球队单循环总共踢了 10 场比赛，如果这 10 场比赛都分出了胜负，总分是 30 分。每出现一场平局，总分就会减少 1 分。

在 B 队得分为 0，0，1，3 的情况下，10 场比赛中出现了 3 场平局；在 B 队得分为 1，1，1，1 的情况下，10 场比赛中出现了 5 场平局。

那么 10 场比赛的总分至少 25 分，最多 27 分。总分减去 A、B、C、D 队的得分，剩下的就是 E 队得分。

25−20 ≤ E 队得分 ≤ 27−20

5 ≤ E 队得分 ≤ 7

在三分制比赛中，要牢牢抓住"总积分＝比赛场次 ×3−平局场次"这一规律。

因此，在看上去没有头绪的题目里，先要列出各种可能性，仔细分析，最后解决问题。

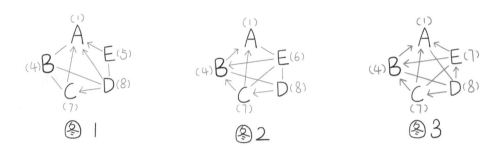

（注：图中箭头指向负队，无箭头表示平局）

图 1 中 E 队 5 分，图 2 中 E 队 6 分，图 3 中 E 队 7 分。

有 A、B、C、D 四支足球队进行单循环比赛。

（1）一共要比赛多少场？

（2）如果规定胜一场得 2 分，平一场得 1 分，负一场得 0 分，全部比赛结束后，A、B 两队的总分并列第一名，C 队第三名，D 队第四名，那么 C 队得多少分？（请你用玩偶模拟和推理分析的方法，推算出 C 队的得分）

18 怎样找出那堆重的积木

（难度：★★★★☆）

为什么做这个实验

　　一天，爸爸在 12 个抽屉中的每个抽屉都放入 20 个木头小方块。在这 12 个抽屉里，除了一个抽屉里的每个小方块质量为 4.7 克外，其他抽屉里的每个小方块质量都是 4.1 克。

　　爸爸说自己忘记将重一些的小方块放在哪个抽屉了。于是给我布置了一项任务：在只称一次的前提下，就能找出那个放重一些小方块的抽屉。

准备材料

不同质量的小方块

12 个抽屉的柜子

第1步： 将抽屉进行编号，是几号抽屉就从这个抽屉中取出几块小方块。

第2步： 将取出的小方块全部放在电子秤上称重。

第3步： 称重后的结果经过计算就能找出第几号抽屉是质量偏重的。

下面这个表可以帮助我们理解。你们知道这其中的奥妙吗？

小方块质量统计

单位g

抽屉	1号	2号	3号	4号	5号	6号	7号	8号	9号	10号	11号	12号	总质量
方块数量	1	2	3	4	5	6	7	8	9	10	11	12	78块
假设：每个抽屉都是4.1g的方块数量×小方块克数 4.1g	4.1	8.2	12.3	16.4	20.5	24.6	28.7	32.8	36.9	41	45.1	49.2	319.8
实际方块的质量													322.8

通过表格可以看出，每一块 4.7 克和 4.1 克的方块克数差是 0.6 克。78 块方块的实际总质量是 322.8 克，与假设全部都是 4.1 克的方块的总质量之间存在的克数为差 3 克。

因此，$3 \div 0.6 = 5$（块），所以，质量较重的抽屉是 5 号抽屉，因为从该抽屉拿出了 5 块方块，每一块多 0.6 克，所以最终总质量多出了 3 克。

这其实是一个数列问题，通过拿取不同数量的方块来区分抽屉，先假设所有的方块都是一个质量，然后只称重一次，与假设的质量之间会产生差异，之后再找出具体产生差异的抽屉，真是简便又准确！但整个实验过程要非常仔细，认真地记录数据，如果出现偏差就无法继续下去了。

玩玩看

据说，比尔·盖茨曾经用一个问题面试应聘者：假定有 81 个玻璃球，其中有一个球比其他的球稍重，如果只能利用没有砝码的天平来断定哪一个球重，请问最少要称多少次，才能保证找到较重的这个球？如果你是应聘者，你会怎么解决这个问题？请你写一写思考过程。

19 如何猜中陌生人的属相

（难度：★★★★☆）

为什么做这个实验

寒假里，爸爸说自己最近修炼成了一种叫"读心术"的本领，不用问就能精准猜中任何人的属相。我半信半疑，于是带了两位不同年龄的朋友到我家，并且两位朋友都是爸爸不认识的。神奇的是，两个人的属相都被爸爸猜中了，这其中到底有什么奥秘呢？

准备材料

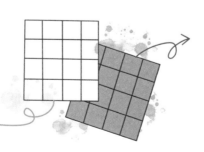

一张 4×4 的正方形格子红纸

一张 4×4 的正方形格子白纸

这样来做

第 1 步： 在 4×4 白纸左上角写“鼠”，随后按顺时针方向写上另外十一个属相（见图 1）。再把 4×4 红纸，剪成如图 2 的样子。

鼠	牛	虎	兔
猪			龙
狗			蛇
鸡	猴	羊	马

图 1

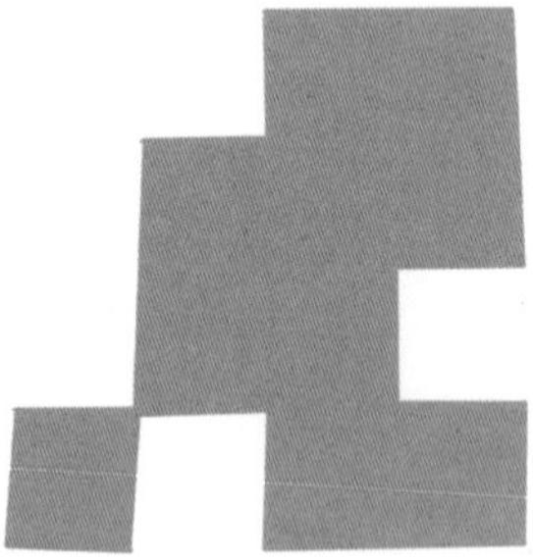

图 2

第 2 步： 让被试者选一个属相，但不用告诉实验者，自己记住就行。

第 3 步： 将红纸压在白纸上，问被试者是否看见他选的属相。

第 4 步： 实验者将红纸按中心点顺时针方向旋转 90°，再次询问被试者是否看见他选的属相。

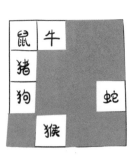

图 3

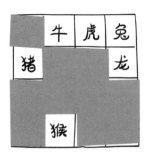

图 4

第 5 步： 按顺时针方向旋转 90° 的规律，重复四次，即能猜中被试者的属相。

图 5

图 6

为了被试人数多一点，我请两位朋友各参与了三次测试，除了第一次是自己的真实属相外，另外两次都是我们事先商量好的属相，这样就相当于有 6 个人参与了实验。然后按爸爸的要求进行实验活动，结果记录如下表。

参与者	第一次		第二次		第三次	
	答案	结果	答案	结果	答案	结果
小陈	猴	猜中	狗	猜中	龙	猜中
大林	马	猜中	牛	猜中	鸡	猜中

两位朋友各测试了三次，都被爸爸猜中了，这是为什么呢？原来，这是数学中的集合实验，用层层排除的方法即可猜中。

举例来说明其中的实验原理吧，如大林在第二次测试时选"牛"为答案，其过程如下：

第一次可看见牛、鼠、猪、狗、猴、蛇。

第二次可看见牛、虎、兔、龙、猴、猪，即可判断在牛、猴、猪中。

第三次看不见，可排除猪。

第四次看不见，可排除猴，答案即为牛。

怎么样，"读心术"很靠谱吧？只是，你要练就超强的观察力和记忆力，能够快速记住前两次的重复属相，不然很可能会搞混了。

玩玩看

实验1：巧算年龄

（1）请对方将出生月份键入计算器。

（2）乘以2后再加上3。

（3）乘以50。

（4）再加上目前的年龄。

（5）减去150（即得到一个包含月份和年龄的数值）。

实验2：巧算电话号码

（1）写出电话号码的前四位数字。

（2）乘以80后再加上1。

（3）乘以250。

（4）加上电话号码的后四位数字。

（5）再加一次电话号码的后四位数字。

（6）减去 250。

（7）除以 2（所得到的结果即八位数的电话号码）。

这些方法背后都存在着什么原理呢？等待你去探索哦！

20 英雄为什么追不上乌龟

（难度：★★★★☆）

为什么做这个实验

　　希腊大英雄阿喀琉斯以"捷足"著称。有一天他碰到一只乌龟，乌龟嘲笑他说："别人都说你厉害，但我看你如果跟我赛跑，却追不上我。"阿喀琉斯大笑说："这怎么可能？我就算跑得再慢，速度也有你的10倍，怎么会追不上你？"乌龟说："好，那我们假设一下，你离我有100米，你的速度是我的10倍。现在你来追我了，但当你跑到我现在这个位置，也就是跑了100米的时候，我已经向前跑了10米。当你再追到这个位置的时候，我又向前跑了1米，你再追1米，我又跑了十分之一米……总之，你只能无限地接近我，但你永远也不能追上我。"

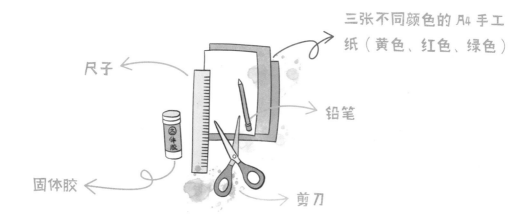

尺子

三张不同颜色的 A4 手工纸（黄色、红色、绿色）

铅笔

固体胶

剪刀

利用直尺、剪刀在绿色和红色的 A4 纸上裁出不同长度的纸条。其中红色纸条代表阿喀琉斯奔跑的距离，绿色代表乌龟奔跑的距离。

这样来做

假设阿喀琉斯奔跑的速度是乌龟的两倍。

第一回合： 乌龟先出发跑出 100 米后，阿喀琉斯再出发。

第一回合：

100米

第二回合： 阿喀琉斯跑到 100 米处时，乌龟又跑出了 50 米。

第三回合： 阿喀琉斯跑到 150 米处时，乌龟又往前跑了 25 米。

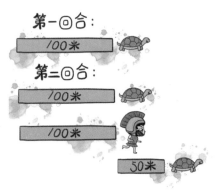

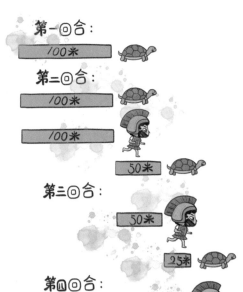

第四回合： 阿喀琉斯跑到 175 米处时，乌龟又往前跑了 12.5 米。

第五回合： 当阿喀琉斯跑到 187.5 米的时候，乌龟又往前跑了 6.25 米。

……

第 N 回合： 由此可以看出，如果阿喀琉斯要想追上乌龟，需要跑无限多段路，将这无限多段路加起来就是：

$$s = l + \frac{l}{2} + \frac{l}{4} + \frac{l}{8} + \cdots + \frac{l}{n}$$

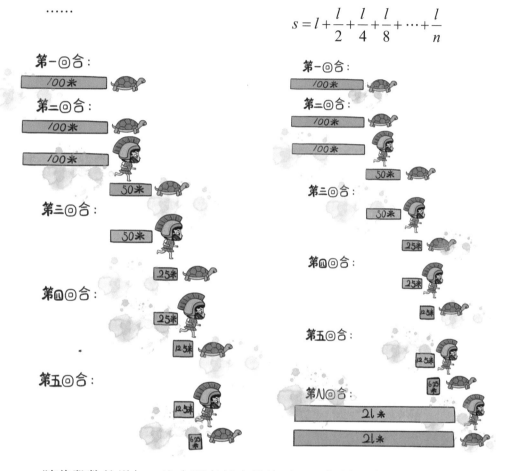

随着段数的增加，这个距离越来越接近 $2l$。如果只有 2 项，那么与 $2l$ 相差 $\frac{l}{2}$；如果有 3 项，与 $2l$ 相差 $\frac{l}{4}$；如果有 4 项，与 $2l$ 相差 $\frac{l}{8}$……如果有无穷多项，阿喀琉斯走过的总距离就等于 $2l$。

$$s = l + \frac{l}{2} + \frac{l}{4} + \frac{l}{8} + \cdots + \frac{l}{n} = 2l$$

由以下等式：

$$s = l + \frac{l}{2} + \frac{l}{4} + \frac{l}{8} + \cdots + \frac{l}{n} = 2l$$

不难推出阿喀琉斯用的总时间如下：

$$T = t + \frac{t}{2} + \frac{t}{4} + \frac{t}{8} = 2t$$

由 s 式子可以看到，如果项数无穷多，阿喀琉斯跑过的距离就与 $2l$ 相差无穷小。直到阿喀琉斯追上了乌龟，他跑过的总路程也不会超过 $2l$，即 200 米。同样，如果阿喀琉斯跑过第一段距离 100 米的时间是 t，那么无穷多段之后阿喀琉斯追上乌龟，需要的总时间不过是 $2t$。

知道吗

以上就是著名的芝诺难题，又叫芝诺悖论，是很久以前古希腊流传下来的著名的数学难题。

实际上乌龟的这种做法类似于微积分，将一个过程无限分割，再进行累加，这恰好是微积分的基本思想。分割无限多份后越往后的小段时间和空间越小，称之为无穷小。牛顿和莱布尼茨提出微积分后，人们发现了微积分的重要应用，解决了许多数学和物理的问题。

第 5 章

数学建模实验

雨过天晴，我们经常会看到天空中出现美丽的彩虹，你有什么办法可以自己创造出"彩虹"，并能把它留住？

怎么测量大树的高度？有人说你可以爬到大树顶上去测量，这显然不是一个好方法。那么我们有什么便捷的方法可以较准确地测量出树高呢？

这些数学实验可以帮助我们解决生活中的某些难题，同时每个实验背后都隐藏着一些数学模型，让我们一起去探索吧。

21 真的能把彩虹装进杯子里吗

（难度：★★★☆☆）

为什么做这个实验

雨过天晴，我们经常会看到天空出现漂亮的彩虹，究竟可以用什么办法留住彩虹呢？对此，我做了一些实验来探究其中的奥秘。

准备材料

200 毫升热水

200mL

白砂糖 130 克（约 26 勺）

130g

勺子

滴管

烧杯

量筒

4 个广口杯

食用色素

第1步： 用烧杯量出200毫升热水，分别倒入4个广口杯中，每个广口杯为50毫升热水。然后在杯子上贴上标签——"红色""2勺/黄色""8勺/绿色""16勺/蓝色"。

第2步： 根据标签上的指示，在每个水杯中加入2滴相应的食用色素。

第3步： 第一杯热水不加糖。

在第二杯热水中加2勺（约10克）糖。

在第三杯热水中加8勺（约40克）糖。

在第四杯热水中加16勺（约80克）糖。

约10克　约40克　约80克

第 4 步： 搅拌每一个水杯中的液体，直至糖充分溶解。

第 5 步： 将蓝色液体倒入量筒中。

第 6 步： 用滴管将绿色液体轻轻地滴在蓝色液体层的上面，沿杯壁滴到液体表层效果最好。

第 7 步： 用同样的方法加入黄色液体。

第 8 步： 最后加入红色液体。

会发生什么

通过不断尝试，最终发现，除第一杯不加白糖外，第二、三、四杯的白糖质量比为 1 ： 4 ： 8 最佳，可以在杯中呈现出一道漂亮的彩虹，而且每种颜色清晰明亮。

知道吗

实验中，我们把一杯糖水变成彩虹，亲眼见证了什么是密度梯度。密度即质量（物质所含的原子数量）和体积（物体所占的空间）的比值，即某种物质单位体积的质量。糖分子由许许多多聚合在一起的原子构成。往 50 毫升水中加入的糖越多，水中所含的原子数量就越多，溶液的密度也就越大。密度较低的液体会位于较浓液体的上层，这就解释了为何仅含 2 勺（10 克）糖的水溶液会浮在含有更多糖分子的液体层的上方。

医学研究者有时会用密度梯度的方法来隔离细胞的不同部分：将细胞打散置于试管中的密度梯度之上，然后以离心方式将试管快速旋转。不同形状及分子质量的细胞碎片会以不同速度在梯度层中移动，研究者就可以将他们感兴趣的细胞部分分离出来了。

玩玩看

你能利用密度梯度的原理制作出更多层次的彩虹吗？这些彩虹层能保持多久不混在一起呢？如果你感兴趣，就一起来试一试吧！

22 棒和影有怎样的亲密关系

（难度：★★★★☆）

为什么做这个实验

　　做作业的时候，我看见阳光刚好照到书桌上，于是用书遮挡一下阳光。嘿，我发现同样一本书，放的角度不一样，遮挡的面积就不一样。过段时间，放书的位置也要调整，才能遮挡住原来的地方。我拿出一支笔，也会出现笔的投影。那么笔的长度与投影变化有什么规律吗？笔的影子方向会有什么变化呢？

准备材料

红蓝铅笔
白色笔芯
黑色笔芯
细棍子

牙签　　卷尺　　计算器

第1步: 选择晴天,室外一个空旷的地方,保证一天的太阳都能照到。

第2步: 从太阳照到开始,每1小时测量一次,每次量出棒影子的不同长度,观察棒影的位置。在地上摊开卷尺,把棒垂直立在卷尺0刻度的地方,记录下影子的长度,具体如下:

不同时间不同棒的影子长度测量记录表(单位:cm)

时间 影长 棒长	8:30	9:30	10:30	11:30	12:30	13:30	14:30	15:30	16:30
①17.8	43.0	27.9	22	18.0	17.3	19.3	25.6	35	46.0
②14.2	34.0	22.1	17	14.4	14.2	15.8	20.2	28	37.2
③10.8	25.5	17.5	13.8	11.0	10.6	11.6	15.5	21.2	28.0
④8.7	20.6	14.0	11	9.0	8.7	9.6	12.5	17.5	22.4
⑤6.1	14.5	10.0	7.7	6.4	6.1	6.8	8.7	13.0	16.1
影长÷棒长 (保留一位小数)	2.4	1.6	1.3	1.0	1.0	1.1	1.4	2.0	2.6

会发生什么

观察上表发现,一天中,被太阳照射到的棒投下的影子在不断地改变。

(1)棒子越长,影子相应的也越长。

(2)影子长短会改变。早晨的影子长,随着时间的推移,影子逐渐变短,中午

12：30时，影长与棒子的长度几乎相等。过了 12：30 分后，影子又会重新变长。下午变长的速度较快。

（3）影子的方向会改变。在我们北半球，早晨的影子在西方，中午的影子在北方，傍晚的影子在东方。

（4）相同时刻，影长与棒长的比值是固定的，也就是说棒长与影长成正比例关系（如上表所示）。当中午 12 时，影长和棒长的比值约等于 1。

在汉代以前，我国就发明了观测阳光投影方向的计时器日晷。日晷的原理就是棒和影的实验。从原理上来说，根据影子的长度或方向都可以计时，但根据影子的方向来计时更方便一些，所以通常都是以影子的方位计时。随着时间的推移，晷针（相当于棒）的影子慢慢地由西向东移动。移动着的晷针影子好比是现代钟表的指针，晷面则是钟表的表面，以晷针影子在晷面的移动来显示时刻。

23 如何测量大树的高度

（难度：★★★☆☆）

为什么做这个实验

我们经常会遇到这样的问题：怎样测量大树的高度？怎样测量大厦的高度？有人说你可以爬上树顶去测量，这显然不是一个好方法。那我们有什么便捷的方法可以较准确地测量出树高呢？

准备材料

卷尺

一根木杆

第1步: 将一根直杆垂直插在地上，再在与眼睛高度齐平的地方切断此杆。

第2步: 对树进行观察，并在心中大致估计树的高度，再沿地面找到合适的距离，重新垂直插入直杆。然后背靠地面躺下，用脚顶住直杆后越过直杆看树顶。若发现直杆顶与树顶不一致，就尝试换一个新位置，直到刚好越过直立杆顶端能看到树顶。

第3步: 测量躺下时眼睛所在的位置到树墩的距离，该距离就等于树的高度。

眼睛到树墩的距离＝树的高度

脚底到眼睛的距离与直杆构成了一个等腰直角三角形，这时把脚底到眼睛的距离看作是一条直角边，直杆是另一条直角边，而"视线"是等腰直角三角形的斜边。

当躺下的位置刚好越过杆顶看到树顶时，树顶、树墩和眼睛三点连成了一个大等腰直角三角形，那么眼睛到树墩的距离是大等腰直角三角形的直角边，树高也是一条直角边，因为是等腰直角三角形，两条直角边相等，所以只要测量出眼睛所在的位置到树墩的距离，就可知道树的高度。

玩玩看

还有哪些方法可以测量树的高度呢？

方法1：取一根木棍 A' B'，直立于地面，分别测出树和棍的影长，再测出棍长。按比例可测树高：AB：A' B' ＝BC：B' C'（见右图）。

方法2：取一个大的直角等腰三角板，立放在地面，观测者匍匐于地面，通过斜边观察树，当正好观测到树尖时，测出三角板斜边与地面的交点到树根的距离。这个距离就是树的高度。想一想这个方法的数学原理，你能说清楚吗？

利用阴影的长度来测量树的长度

24 如何测算古树的年龄

（难度：★★★★☆）

为什么做这个实验

子丰：春游好开心啊！

语琪：西湖不仅水美，树也很美。杨柳依依，梧桐挺拔，香樟香气扑鼻。

钧溢：你们有没有发现，那些树龄大的树，格外被重视，被木栏围起来，石碑上会刻有它们的树名和树龄。

莘劼：古树的年龄是怎么测算出来的？是不是树越粗，年龄越大？是不是同一个品种的树龄都一样？是不是生长环境不一样会影响树的年龄？

准备材料

古树

纸

软尺

笔

第1步： 测量树的周长。在离地面 1.4 米高的位置测量树干周长，每个人轮流测量，组长记录，然后算出平均值。

测量树的周长

第2步： 计算出各棵树的直径。

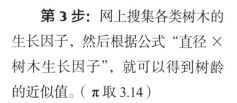

圆周长 = πd

直径 = $\dfrac{圆周长}{π}$

例如：樟树周长 250 厘米，直径 = 250 ÷ 3.14 ≈ 79.6（厘米）。

第3步： 网上搜集各类树木的生长因子，然后根据公式"直径 × 树木生长因子"，就可以得到树龄的近似值。（π 取 3.14）

树木生长因子

序号	树种	周长	生长因子
1	樟树	250cm	2.4年/cm
2	樟树	251cm	2.4年/cm
3	樟树	251cm	2.4年/cm
4	樟树	250cm	2.4年/cm
平均值	樟树	250.5cm	2.4年/cm
树龄	250.5cm/π×2.4年/cm =191.46年		

序号	树种	周长	生长因子
1	枫香树	178cm	1年/cm
2	枫香树	177.5cm	1年/cm
3	枫香树	178cm	1年/cm
4	枫香树	178.5cm	1年/cm
平均值	枫香树	178cm	1年/cm
树龄	178cm/π×1年/cm =56.69年		

序号	树种	周长	生长因子
1	法国梧桐	188cm	2年/cm
2	法国梧桐	187cm	2年/cm
3	法国梧桐	188cm	2年/cm
4	法国梧桐	189cm	2年/cm
平均值	法国梧桐	188cm	2年/cm
树龄	188cm/π×2年/cm =119.75年		

序号	树种	周长	生长因子
1	广玉兰	121.5cm	1年/cm
2	广玉兰	120cm	1年/cm
3	广玉兰	120.5cm	1年/cm
4	广玉兰	120cm	1年/cm
平均值	广玉兰	120.5cm	1年/cm
树龄	120.5cm/π×1年/cm =38.38年		

如果你知道某种树木的每年生长因子，就可以乘以主干的直径，来估算树龄。不同树的生长因子大小取决于树的生长环境。一般森林里的树长得比城市的要快一些。因此，这个方法只能得到一个估算值。

小贴士

　　数学知识在生活中的应用范围很广。计算树龄的过程中，我们就用到了圆的知识，利用了树的生长因子的数据。同时，我们还知道了一个新知识——圆周率 π，它是圆的周长与直径的比值，约等于 3.1415926，是个无限不循环小数，不要小看了这么一个小小的符号，有很多数学家研究它，其中我国著名的数学家祖冲之最早将圆周率精算到了小数点后第七位。

玩玩看

　　学会了如何测量树的年龄，那树干的体积你会测量吗？因为树干不是规则的圆柱体，想用公式进行计算，是行不通的。那有没有一个万能公式，可以不用考虑树干的形状呢？

　　确实存在这样的万能公式。这个万能公式不仅适用于圆柱、圆锥和圆台，而且对棱台、棱柱和棱锥，甚至球体，都适用。这个公式叫辛普森公式，其表达式如下：

$$V = \frac{h\,(b_1 + 4b_2 + b_3)}{6}$$

　　其中，h 是几何体的高度，b_1 是下底面的面积，b_2 是中间截面的面积，b_3 是上底面的面积。

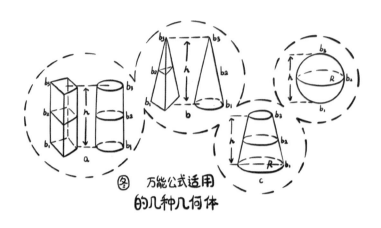

图 万能公式适用
的几种几何体

现在，请你找一个树干，尝试用万能公式计算出它的体积吧！

25 为什么滑滑梯越到下面速度越快

（难度：★★★★★）

为什么做这个实验

家齐：爸爸，在公园里滑滑梯，越到下面，速度越快，这是为什么呢？

爸爸：我们可以做个实验，研究物体从斜坡向下滚动时，它的速度是否会加快？斜坡滚动的路程、时间和速度之间有没有关系？

准备材料

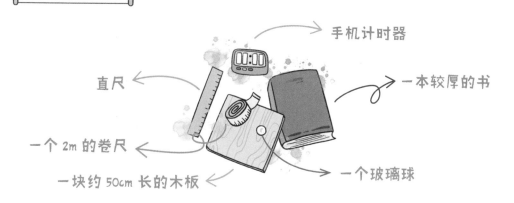

手机计时器

直尺

一本较厚的书

一个 2m 的卷尺

一块约 50cm 长的木板

一个玻璃球

第1步： 先把球放在由两根平行直尺搭建的轨道上，再依次放在直尺的 5cm、10cm、15cm、20cm、25cm 处，并且在每个刻度重复实验 3 次。

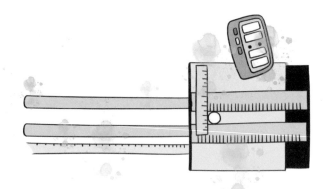

第2步： 轻轻放开玻璃球，让它从轨道自然滚下，当玻璃球滚到直尺 0cm 刻度时，会听到咔嚓一声，这时立刻记录下时间，并计算 3 次实验的平均值，最后得出玻璃球在斜坡上滚动的平均速度。

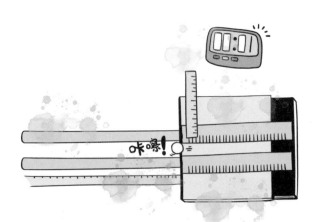

会发生什么

玻璃球斜坡滚动记录表

斜坡滚动路程 单位:厘米	斜坡滚动时间 单位:秒	斜坡滚动速度 单位:厘米/秒
5.00	0.55	9.09
	0.56	8.93
	0.54	9.26
10.00	0.79	12.66
	0.78	12.82
	0.79	12.66
15.00	0.98	15.31
	0.99	15.15
	0.96	15.63
20.00	1.14	17.54
	1.13	17.70
	1.13	17.70
25.00	1.27	19.69
	1.26	19.84
	1.25	20.00

为了减少实验过程中玻璃球的滚动时间误差,取 3 次实验的平均值作为实验分析数据,并计算出斜坡滚动速度的平方数,整理如下:

斜坡滚动路程 单位:厘米	斜坡滚动平均时间 单位:秒	斜坡滚动平均速度 单位:厘米/秒	斜坡滚动平均速度 的平方数 单位:厘米²/秒²(保留整数)
5.00	0.55	9.0	81
10.00	0.79	12.7	161
15.00	0.98	15.3	234
20.00	1.13	17.7	313
25.00	1.26	19.8	392

观察上表,可以得到如下实验结论:

1. 斜坡从 5cm、10cm、15cm、20cm 到 25cm 的长度逐渐增加，斜坡滚动速度也从 9cm/s、12.7cm/s、15.3cm/s、17.7cm/s 到 19.8 cm/s 在逐渐增加，由此可见，随着玻璃球在斜坡上滚动路程的延长，它的滚动速度也在逐渐增大，这两个量是相互依存的关系。

2. 算出斜坡滚动速度的平方数，分别是 81，161，234，313，392。我惊奇地发现：斜坡滚动长度增加的倍数与斜坡速度平方数增加的倍数之间竟然是正比例关系，也就是说斜坡滚动长度扩大到原数的 2 倍、3 倍、4 倍，那么斜坡滚动速度的平方数也相对应扩大到原数的 2 倍、3 倍、4 倍。

小贴士

　　家齐在爸爸的指导下开展玻璃球斜坡加速实验，制作出了玻璃球滚动轨道，使实验变量得到了控制。还想到了每隔 5 厘米做一次实验，每次做 3 组实验，求出平均速度，合理的实验设计，规范的实验操作，使实验数据尽可能减少误差。更可贵的是，家齐还从实验数据中发现了两个非常重要的规律：随着斜坡滚动长度的增加，物体滚动速度也会逐渐增大，而且斜坡滚动长度增加的倍数与斜坡速度平方数增加的倍数之间成正比例关系。六年级的家齐在这个实验中综合应用了平均数、平方数、正比例等知识，这就是用数学思考世界。

数字关系实验

为什么"蒙娜丽莎"那么美

斐波那契数列虽然越来越大,但是相邻两项数的比都接近 0.618。实际上,数学上可以证明:无穷多项之后,斐波那契数列相邻两个数之比是一个固定值,这个值是一个无理数,接近 0.618033988749895……这个数就是黄金分割的值。

空间想象实验

哪些六连方可以拼成立方体

长方体展开图

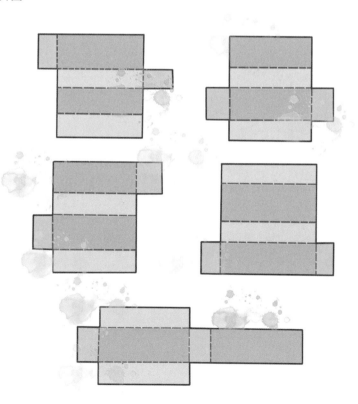

移动"快乐树"面积会变吗

图中阴影面积是 60 平方米。

硬币能穿越比它小的圆洞吗

因为圆环受惯性的影响，下落的时候碰到了中指，所以环会翻转半圈，这个旋转配合着下落过程，最后和项链打了个结，所以圆环就会被项链套住。

数学推理实验

你会做裁判吗

（1）一共要比赛 6 场。

（2）A 与 B 平局，然后 A 和 B 分别赢了 C 和 D，A 和 B 各得 5 分，C 赢了 D，得 2 分，D 得 0 分。

 图中箭头指向负队，无箭头表示平局。

怎样找出那堆重的积木

先把 81 平均分成 3 份，每份 27 个，需要称 1 次；然后再把 27 平均分成 3 份，每份 9 份，需要称 1 次；把 9 平均分成 3 份，每份 3 个，需要称 1 次；再把 3 个平均分成 3 份，每份 1 个，需要称 1 次。这样共需要 4 次。

数学实验知识点与关键能力对应表（高级篇）

实验归属	序号	实验内容	知识点	关键能力	适用年级	难度系数	实验者
数字关系	1	数学也有黑洞吗	数字规律探索	规律探索能力	五年级	★★★	林嘉越
	2	国王真的给不起粮食吗	认识等比数列和指数	数感与归纳推理能力	五年级	★★★	许一诺
	3	为什么"蒙娜丽莎"那么美	认识黄金比例	比例思想	六年级	★★★	温予萌
	4	你能猜准任何一个人的生日吗	探索运算规律	智慧运算能力	四年级	★★★★	华栩嘉
空间想象	5	如何手工缝制出星星	曲线的应用	曲线创作能力	五年级	★★★★	顾润哲
	6	过山车跑道是利用什么原理设计的	再探索莫比乌斯环特征	探索拓扑图形特征能力	五年级	★★★★	温予萌
	7	哪些六连方可以拼成立方体	立体图形的折叠	空间想象和推理能力	五年级	★★★	蒋宇轩等
	8	如何用牙签和软糖制作鸟巢模型	认识各种柱体和椎体	探索立体图形特征能力	五年级	★★★★	吴宏泽
	9	能用称重法比较面积大小吗	用称重法比较面积大小	思维创新与推理能力	五年级	★★★★	王诗彤等
	10	移动"快乐树"面积会变吗	等积变形应用	等积变形思想	五年级	★★★★	余浩扬
	11	硬币能穿越比它小的圆洞吗	圆在三维空间中的变形	空间想象能力	五年级	★★★	陈芊默
	12	如何测量筷子的体积	不规则物体的体积测量	空间想象与等量代换能力	五年级	★★★★	陈子萱
数据分析	13	节能灯到底能节能多少	统计调查	统计思维与实践调查能力	五年级	★★★★	颜孙棋
	14	用绿豆能测出树叶面积吗	图形面积与统计概率	随机思想和跨领域思考能力	六年级	★★★★	吴宏泽
	15	投针就能得到圆周率吗	统计概率	随机游戏设计能力	六年级	★★★★	钟彬航
	16	哪种出行方式最佳	模糊数学综合应用	统计思维与实践调查能力	六年级	★★★★★	陈柔嘉等

137

实验归属	序号	实验内容	知识点	关键能力	适用年级	难度系数	实验者
数学推理	17	你会做裁判吗	合理安排问题	逻辑推理能力	五年级	★★★	董语博
	18	怎样找出那堆重的积木	找次品中的统筹优化问题	逻辑推理能力	五年级	★★★★	韩聿昕
	19	如何猜中陌生人的属相	集合游戏中的推理问题	记忆与推理能力	五年级	★★★★	李加祺
	20	英雄为什么追不上乌龟	芝诺难题与极限问题	微积分思想归纳推理能力	六年级	★★★★	赵思龙
数学建模	21	真的能把彩虹装进杯子里吗	比例与密度梯度	密度梯度模型的应用	五年级	★★★	吴宏泽
	22	棒和影有怎样的亲密关系	比例知识在生活中的应用	比例模型的应用	五年级	★★★★	张留卿
	23	如何测量大树的高度	比例知识在生活中的应用	图形比例模型的应用	六年级	★★★	顾凯风
	24	如何测算古树的年龄	圆周长与古树年龄的关系	树龄测试模型建构	六年级	★★★★	洪语琪等
	25	为什么滑滑梯越到下面速度越快	平均数、平方数、正比例知识与斜坡加速测量的关系	斜坡加速测量模型的应用	六年级	★★★★★	陈家齐